Michael Vogel

Kosmos Sternführer für unterwegs

KOSMOS

Inhalt

Reiseführer zu den Sternen

Der warme Sommertag endet mit einem schönen Sonnenuntergang. In der fortschreitenden Dämmerung tauchen nach und nach die ersten Sterne auf. Einer tief am Westhimmel, drei andere hoch oben im Süden. Wie sie wohl heißen? Und um was handelt es sich bei dem hellen Stern, der da tief im Südosten über dem Dach des Nachbarhauses steht?

Ein Blick an den Nachthimmel zeigt unzählige Sterne, die dort scheinbar willkürlich verteilt sind. Schon im Altertum haben die Menschen versucht, Ordnung in dieses Gewimmel zu bringen, indem sie einzelne Sterne zu Figuren zusammenfassten, die in ihrer Mythologie eine Rolle spielten. So sind im Lauf der Jahrhunderte die Sternbilder entstanden; heute wird der gesamte Himmel verbindlich in 88 Sternbilder aufgeteilt. Das bekannteste Sternbild im deutschen Sprachraum dürfte der Große Wagen sein. Aus zwei Gründen: Seine Sterne sind recht hell, und er ist das ganze Jahr über zu sehen. Wer sich am Nachthimmel zurechtfinden will, muss die Himmelsrichtungen kennen. Zufällig steht ein relativ heller Stern das

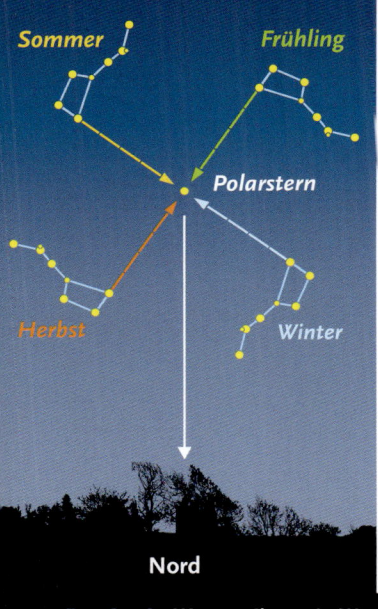
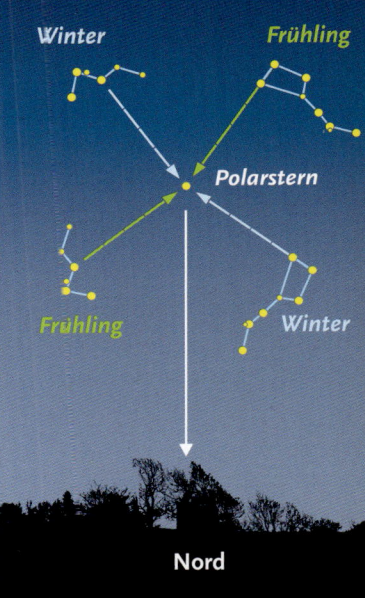

Der Große Wagen dient als Wegweiser für den Polarstern.
Mit dem Sternbild Kassiopeia funktioniert das auch.

ganze Jahr über genau in Richtung Norden. Schaut man zu diesem so genannten Polarstern, kann man die Himmelsrichtungen bestimmen. Im Rücken ist dann Süden, links Westen und rechts Osten. Wie man den Großen Wagen und damit den Polarstern findet, erklärt jeweils die erste Seite einer jeden Monatsübersicht.

Um den Polarstern scheinen sich alle Sterne im Lauf einer Nacht zu drehen. Dies liegt daran, dass die Achse, um die sich unsere Erde dreht, zufällig ziemlich genau auf den Polarstern zeigt. Der Anblick des Sternhimmels ändert sich während einer Nacht also durch die Drehung

der Erde. Alle Sterne gehen im Osten auf, erreichen im Süden ihre größte Höhe und sinken im Westen unter den Horizont. Nach 24 Stunden würde sich das Aussehen des Sternhimmels exakt wiederholen, wenn sich die Erde in dieser Zeit nicht auch ein Stückchen auf ihrer Bahn um die Sonne weiterbewegt hätte. Dies führt dazu, dass jeder Stern pro Tag vier Minuten früher aufgeht – ein Wert, der sich pro Monat auf zwei Stunden summiert. Da die Erde um die Sonne läuft, ändert sich der Sternhimmel also im Lauf der Monate (s. Seite 80). Erst nach einem Jahr ergibt sich wieder derselbe Himmelsanblick.

Jede Jahreszeit hat dadurch ihre charakteristischen Sternbilder. Es gibt einige tausend Sterne, die man bereits mit bloßem Auge am Nachthimmel sehen kann. Wohnt man in einem Ballungsraum, sieht man jedoch womöglich nur ein paar hundert Sterne, weil künstliche Lichtquellen den Nachthimmel so stark aufhellen, dass schwächere Sterne unsichtbar bleiben.

Planeten leuchten nicht von allein

Doch es gibt nicht nur Sterne am Himmel zu sehen, sondern auch den Mond und mehrere Planeten. Da der Mond im Laufe eines Monats einmal um unsere Erde läuft, verändert er seine Position am Himmel bereits von Tag zu Tag merklich. Aber auch er nimmt an der täglichen scheinbaren Drehung des Himmels teil, geht also im Osten auf und später im Westen unter. Wie der Mond verändern auch die Planeten ihre Positionen gegenüber den Sternen. Doch anders als bei unserem Trabanten dauert dies bei den Planeten deutlich länger und ist oft erst nach Wochen oder gar Monaten mit bloßem Auge festzustellen. Anders als die Sterne leuchten die Planeten und der Mond nicht selbst, sondern werfen nur das Licht zurück, das sie von unserer Sonne empfangen. Unsere Sonne ist dagegen ein Stern wie jeder andere, steht uns aber sehr viel näher. Da der Mond für kosmische Verhältnisse einen vergleichsweise geringen Abstand zur Erde hat, können wir bei ihm mit bloßem

Auge bereits Phasen erkennen: Innerhalb von rund vier Wochen vollzieht sich der Wechsel von Neumond über zunehmenden Halbmond, Vollmond und abnehmenden Halbmond bis zum nächsten Neumond.

Vier der acht Planeten sind besonders leicht am Nachthimmel zu sehen: Venus, Mars, Jupiter und Saturn. Da sich Mond und Planeten zusätzlich zur täglichen Himmelsdrehung merklich bewegen, kann man sie nicht in Sternkarten einzeichnen, die für mehrere Jahre gelten sollen. Daher sind in diesem Sternführer bei jedem Monatskapitel die Sichtbarkeiten der vier auffälligsten Planeten für die kommenden zehn Jahre vermerkt.

Schattenspiele von Sonne, Mond und Erde

Besondere Höhepunkte des Himmelsgeschehens sind Finsternisse. Bilden Sonne, Mond und Erde in dieser Reihenfolge eine Linie, kommt es zu einer Sonnenfinsternis, wenn der Mondschatten auf die Erdoberfläche fällt. Verfinstert der Mond dabei die Sonnenscheibe am Himmel vollständig, spricht man von einer totalen Sonnenfinsternis. Solche Ereignisse sind für einen bestimmten Ort auf der Erde recht selten. So findet beispielsweise die nächste totale Sonnenfinsternis, die vom deutschen Sprachraum aus zu sehen ist, erst im Jahr 2081 statt. Deutlich häufiger sind dagegen partielle Sonnenfinsternisse, bei denen der Mond nur einen Teil der Sonnenscheibe verdeckt.

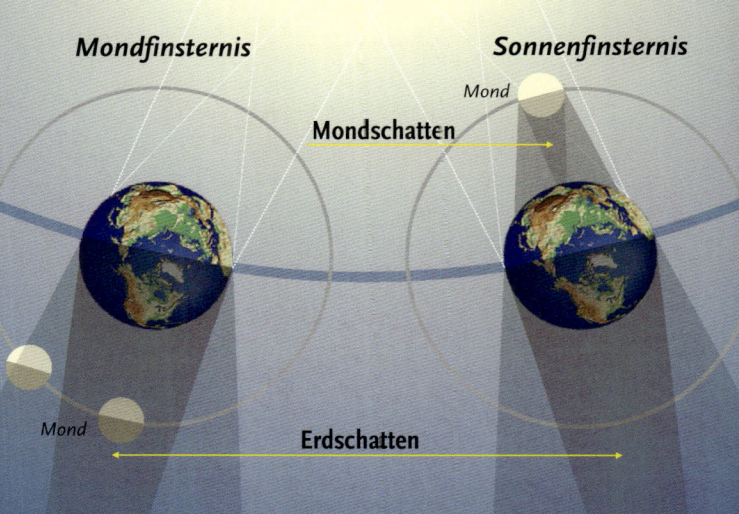

Sonne

Mondfinsternis   **Sonnenfinsternis**

Mondschatten   *Mond*

Mond   **Erdschatten**

Mondfinsternis: Der Mond wandert durch den Erdschatten (links).
Sonnenfinsternis: Der Schatten des Mondes fällt auf die Erdoberfläche.

Mondfinsternisse sind dagegen immer von allen Bereichen der Erdoberfläche aus zu sehen, für die der Mond über dem Horizont steht. Tritt eine Mondfinsternis ein, läuft unser Trabant durch den Schatten, den die Erde ins All wirft. Wandert der Mond vollständig durch diesen Schatten, spricht man von einer totalen Mondfinsternis, ansonsten von einer partiellen. Während einer totalen Mondfinsternis verschwindet der Mond jedoch nicht vollständig, sondern ist als rotbraune bis rotgelbe Scheibe am Himmel zu sehen.
Der Mond kann nicht nur die Sonne am Taghimmel, sondern auch die Planeten am Nachthimmel verfinstern. In diesem Fall spricht man von einer Bedeckung. Es kann schon überraschend sein, wenn man den Mond anschaut und plötzlich der helle Lichtpunkt eines Planeten neben ihm wieder auftaucht, der zuvor nicht zu sehen war. Zumal solche Bedeckungen eher seltene Ereignisse sind. Selbst mit dem bloßen Auge und einem geringen Wissen über den Sternhimmel gibt es also bereits viel „dort oben" zu entdecken. Dieser Naturführer macht Ihnen die Beobachtung des Nachthimmels besonders einfach.

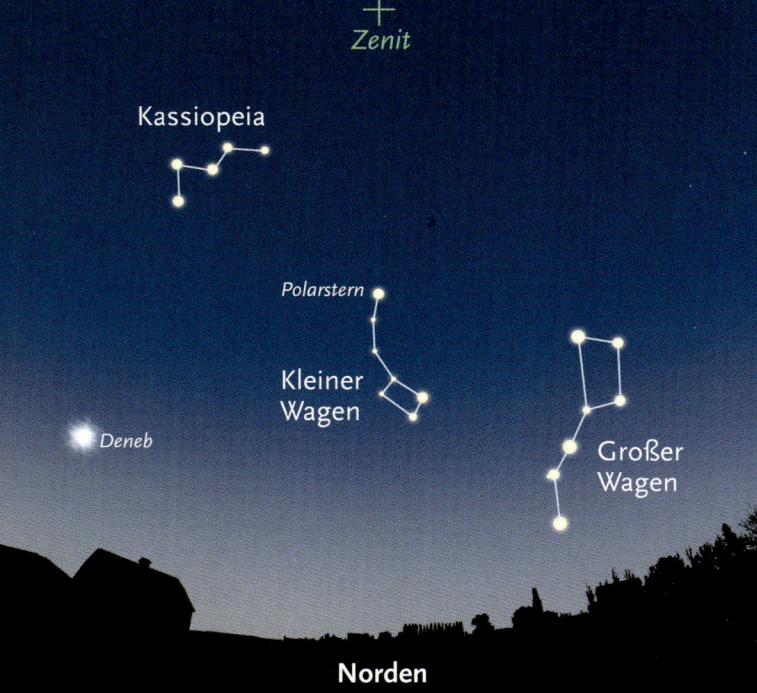

Zenit

Kassiopeia

Polarstern

Kleiner
Wagen

Deneb

Großer
Wagen

Norden

So findet man den Polarstern

Blickt man nach Norden, so
sieht man rechts über dem Horizont den Großen Wagen, der
auf seiner Deichselspitze zu balancieren scheint. Um das ganze Sternbild sehen zu können,
ist eine freie Sicht auf den Horizont erforderlich. Hat man die
beiden hinteren Sterne des Wagenkastens gefunden, die von
allen Sternen des Sternbilds am

höchsten stehen, kann man den
Polarstern aufsuchen: Ihr Abstand, um das Fünffache nach
schräg links oben verlängert,
führt zum Ziel. Verlängert man
die gedachte Linie über den Polarstern hinaus, stößt man auf
die Kassiopeia, links oben im
Nordwesten. Tief im Nordwesten – unterhalb der Kassiopeia
– funkelt der Stern Deneb.

Vollmond und Neumond									
2010		2011		2012		2013		2014	
30.	15.	19.	4.	9.	23.	27.	11.	16.	1. 30.
2015		2016		2017		2018		2019	
5.	20.	24.	10.	12.	28.	2. 31.	17.	21.	6.

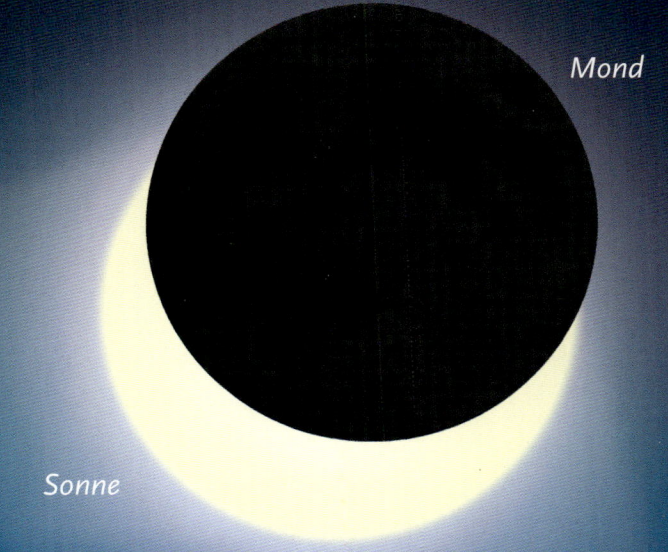

Mond

Sonne

Partielle Sonnenfinsternis:
Am 4. Januar 2011 bedeckt der Mond zum Teil die Sonne.

Die Highlights des Monats

Partielle Sonnenfinsternis

Am Morgen des **4. Januar 2011**
zieht der Neumond vor einem
großen Teil der Sonnenscheibe
vorbei. Es kommt zu einer partiellen Sonnenfinsternis. Wenn die
Sonne kurz nach 8.15 Uhr im
Südosten aufgeht, sieht man,
dass rechts oben an der Sonnenscheibe ein Stück fehlt – der
Mond verdeckt unser Zentralgestirn bereits zum Teil. Ungefähr
um 9.15 Uhr hat die Finsternis ihren Höhepunkt erreicht, dann ist
nur noch der untere Teil der Sonne als schmale Sichel zu sehen.
Die Sonne steht während der
Finsternis noch sehr tief über
dem Südosthorizont, sodass

man das Ereignis nur verfolgen
kann, wenn die Sicht in diese
Richtung frei ist. Gegen Viertel
vor elf gibt der Mond die Sonnenscheibe wieder völlig frei. Wer
das Ereignis verfolgen will, muss
seine Augen vor der Sonnenstrahlung schützen (s. Seite 24).

Totale Mondfinsternis

Am **21. Januar 2019** gegen 4.45
Uhr beginnt die Mondscheibe
sich zu verdunkeln. Ungefähr eine Stunde später ist der Mond
komplett verfinstert (s. Seite 13).
Wiederum eine Stunde später, es
dämmert bereits, taucht der
Mond langsam wieder aus dem
Erdschatten auf.

Januar

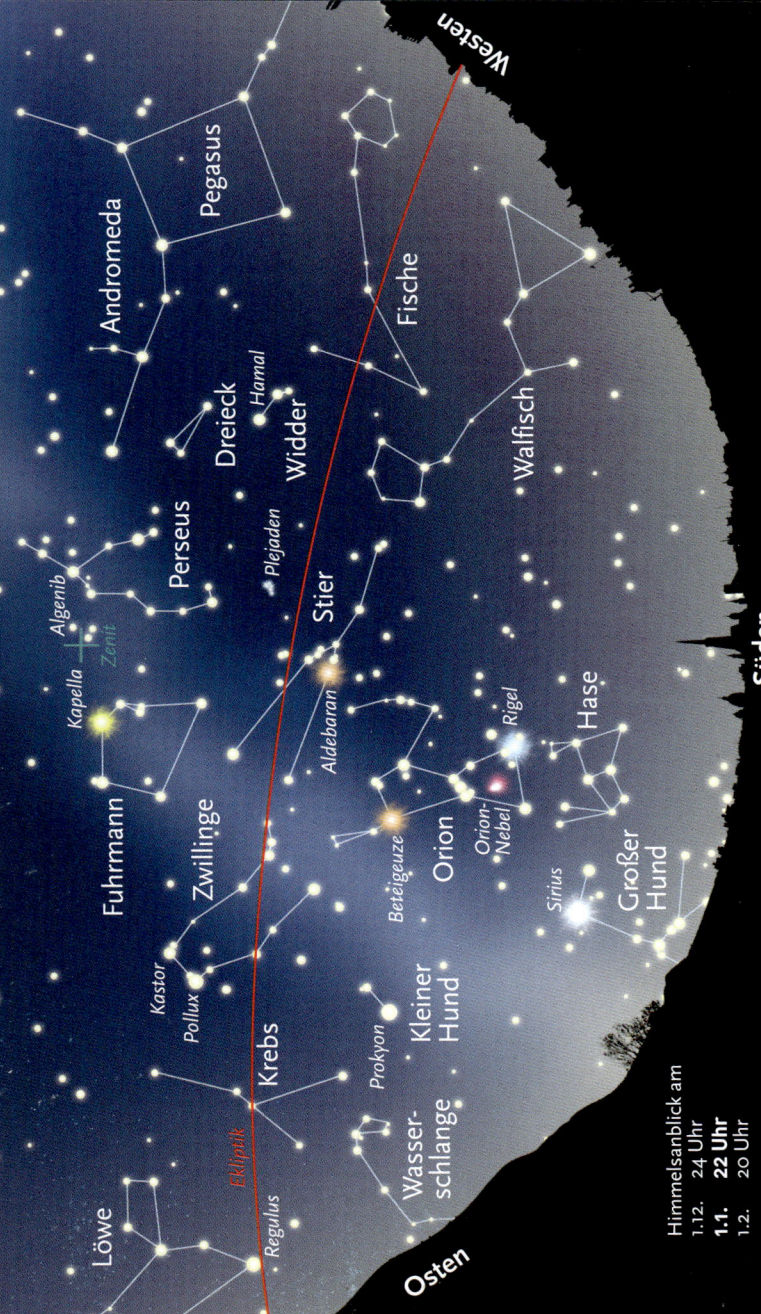

Westen

Süden

Osten

Pegasus

Andromeda

Fische

Walfisch

Dreieck

Widder

Hamal

Perseus

Plejaden

Stier

Algenib

Zenit

Kapella

Aldebaran

Rigel

Hase

Fuhrmann

Zwillinge

Orion

Orion-
Nebel

Beteigeuze

Großer
Hund

Sirius

Kastor

Pollux

Krebs

Kleiner
Hund

Prokyon

Löwe

Wasser-
schlange

Regulus

Ekliptik

Himmelsanblick am
1.12.   24 Uhr
1.1.   22 Uhr
1.2.   20 Uhr

Der Sternenhimmel

Im Januar dominieren die Wintersternbilder den Südhimmel immer stärker, während die Herbststernbilder bereits am Westhimmel stehen. Im Südosten funkelt in geringer Höhe unübersehbar der blauweiße Sirius, der hellste Stern des Himmels. Er gehört zum Sternbild Großer Hund, das nun fast vollständig aufgegangen ist, von dem man aber neben Sirius häufig nur ein oder zwei weitere Sterne sehen kann, wenn der Nachthimmel zu stark durch künstliche Lichtquellen aufgehellt wird.

Begleitung für den Himmelsjäger

Rechts oberhalb des Großen Hundes steht der Orion, links oberhalb, am Südosthimmel, der Kleine Hund mit dem hellen Stern Prokyon. Großer und Kleiner Hund sind die Begleiter des Himmelsjägers Orion. Wegen der sieben hellen Sterne, die Schultern,

Gürtel und Knie des Orions bilden, gehört dieses Sternbild zu den auffälligsten des gesamten Himmels. Man kann sich die Figur des Himmelsjägers förmlich vorstellen; nur für den Kopf ist Fantasie gefordert, weil ihn nur schwache Sterne markieren.

Oberhalb des Orions – genau in Richtung Süden – steht der rötlich leuchtende Aldebaran im Sternbild Stier. Nach der griechischen Sage hat sich Zeus in einen weißen Stier verwandelt, um eine Prinzessin zu rauben. Lässt man seinen Blick, ausgehend vom Stier, weiter nach oben schweifen und legt den Kopf in den Nacken, so sieht man das Fünfeck des Fuhrmanns mit dem hellen, gelblich leuchtenden Stern Kapella. Auf einer gedachten Verbindungslinie zwischen Kapella und Prokyon im Kleinen Hund liegen die Zwillinge. An den linken Enden der beiden

Sternketten, die den Anblick dieses Sternbilds prägen, stehen Kastor und Pollux.

Herbst im Westen

Die typischen Herbststernbilder – Perseus, Andromeda und Pegasus – stehen im Januar bereits am Westhimmel. Blickt man nach Westen, steht das Pegasus-Viereck auf einer seiner Ecken – senkrecht nach oben verlaufend schließt sich die Sternkette der Andromeda an. Noch weiter oben, man muss bereits den Kopf weit in den Nacken legen, steht der Perseus. Zwischen dem Perseus und dem Stier fällt dem aufmerksamen Beobachter eine kleine Gruppe aus schwachen, dicht beieinander stehenden Sternen auf. Dabei handelt es sich um den offenen Sternhaufen der Plejaden, die offiziell zum Sternbild Stier gehören.

Die Sichtbarkeit der Planeten

2010
Venus ist unsichtbar.
Mars im Löwen steht nach Sonnenuntergang am Osthimmel und bleibt die ganze Nacht beobachtbar.
Jupiter steht in der Abenddämmerung am Westhimmel im Steinbock.
Saturn in der Jungfrau geht in der ersten Nachthälfte im Osten auf und steht in der Morgendämmerung im Südwesten.

2011
Venus steht am Morgenhimmel im Südosten.
Mars ist unsichtbar.
Jupiter in den Fischen steht in der ersten Nachthälfte am Westhimmel.
Saturn in der Jungfrau geht um Mitternacht auf und steht in der Morgendämmerung im Süden.

2012
Venus ist nach Sonnenuntergang am Westhimmel zu sehen.
Mars im Löwen geht Ende der ersten Nachthälfte im Osten auf und steht in der Morgendämmerung im Süden.

Funkelnde Sterne
Manchmal scheinen helle Sterne wild zu flackern und ihre Farbe zu verändern, besonders wenn sie in geringer Höhe über dem Horizont stehen. In Wirklichkeit flackern aber nicht die Sterne selbst, sondern man sieht die Unruhe unserer Atmosphäre.

Jupiter im Widder steht in den Abendstunden im Süden und geht erst nach Mitternacht im Westen unter.
Saturn in der Jungfrau geht nach Mitternacht auf und steht in der Morgendämmerung im Süden.

2013
Venus ist so gut wie unbeobachtbar.
Mars ist so gut wie unbeobachtbar.
Jupiter im Stier ist die ganze Nacht über zu sehen.
Saturn in der Waage geht in der zweiten Nachthälfte auf und steht in der Morgendämmerung am Südosthimmel.

2014
Venus ist unbeobachtbar.
Mars in der Jungfrau geht kurz nach Mitternacht auf und steht in der Morgendämmerung im Süden.
Jupiter in den Zwillingen ist die ganze Nacht über beobachtbar.
Saturn in der Waage geht in der zweiten Nachthälfte auf und steht in den Morgenstunden am Südosthimmel.

2015
Venus bleibt faktisch unbeobachtbar.
Mars steht in der Abenddämmerung tief am Westhimmel.
Jupiter im Löwen geht einige Stunden nach Dämmerungsbeginn auf und bleibt die restliche Nacht sichtbar.
Saturn ist in der Morgendämmerung am Osthimmel zu sehen.

![Sternenkarte mit West-Horizont]

Mond

West

Totale Mondfinsternis:
Am 21. Januar 2019 verschwindet der Mond im Erdschatten.

2016
Venus steht in der Morgendämmerung tief am Osthimmel.
Mars in der Jungfrau geht nach Mitternacht auf und steht morgens im Süden.
Jupiter im Löwen ist in der zweiten Nachthälfte zu sehen.
Saturn im Schlangenträger steht in der Morgendämmerung tief im Südosten.

2017
Venus steht nach Sonnenuntergang im Südwesten.
Mars im Bereich Wassermann/Fische steht abends im Südwesten.
Jupiter ist in der zweiten Nachthälfte zu sehen.

Saturn ist quasi unbeobachtbar.

2018
Venus ist unbeobachtbar.
Mars in der Waage steht gegen Morgen im Südosten.
Jupiter in der Waage geht erst in der zweiten Nachthälfte auf.
Saturn ist unbeobachtbar.

2019
Venus steht gegen Morgen im Südosten.
Mars in den Fischen ist Planet der ersten Nachthälfte.
Jupiter im Schlangenträger steht gegen Monatsende morgens tief im Südosten.
Saturn ist unbeobachtbar.

Zenit

Kassiopeia

Großer Wagen

Polarstern

Kleiner Wagen

Deneb

Norden

So findet man den Polarstern

Der Große Wagen hat seine Stellung über dem Horizont hinter sich gelassen. Das hintere Ende des Wagenkastens bildet nun mit dem Polarstern eine fast waagerechte Linie am Himmel. Der Polarstern liegt links des Großen Wagens, man muss den Abstand der beiden hinteren Kastensterne fünfmal verlängern, um ihn zu finden.

Der Aufstieg des Großen Wagens am Himmel geht mit dem Niedergang des Sternbilds Kassiopeia einher, da es wie ein Gegengewicht auf der anderen Seite der Verbindungslinie Großer Wagen – Polarstern liegt. Bei guter Horizontsicht kann man im Norden noch Deneb, den hellsten Stern des Sommersternbilds Schwan, funkeln sehen.

Vollmond und Neumond									
2010		2011		2012		2013		2014	
28.	14.	18.	3.	7.	21.	25.	10.	15.	–
2015		2016		2017		2018		2019	
4.	19.	22.	8.	11.	26.	–	15.	19.	4.

Jupiter

Mond

Venus

Südwest

West

Planetentreffen Ende Februar 2012: In der Abenddämmerung zieht der Mond an Venus und Jupiter vorbei.

Die Highlights des Monats

Himmlische Begegnungen

Im **Februar 2012** zieht der
Mond im Lauf von mehreren
Tagen an den Planeten Venus
und Jupiter vorbei. Das Ereignis
findet am Westhimmel nach
Sonnenuntergang statt. Am 24.
Februar hat sich der abnehmende Mond „von unten" schon
merklich an die Venus herange-
pirscht, und einen Tag später
steht er bereits rechts neben
dem Planeten. Bis zum Abend
des 26. Februar ist unser Trabant bereits zwischen Venus
und Jupiter gewandert und einen weiteren Tag später hat er
bereits den Jupiter passiert. Am
26. Februar steht der Mond im

letzten Viertel, ist also nur als
Halbkreis zu sehen.
Der Mond entfernt sich nun am
Himmel immer weiter von Venus
und Jupiter. Vom 28. auf den 29.
Februar wandert er dabei zwi-
schen den beiden Sternhaufen
Hyaden (bei dem Stern Aldeba-
ran im Stier) und Plejaden hin-
durch. Die beiden Sternhaufen
sind mit dem bloßen Auge nur
als kleine verwaschene Licht-
fleckchen zu sehen (s. Seite 16).
Anhand von Venus, Jupiter und
Mond lässt sich sehr gut die
Lage der Ekliptik nachvollziehen
– der scheinbaren Bahn am
Himmel, entlang der sich Sonne,
Mond und Planeten bewegen.

Februar

15

Der Sternenhimmel

Im Februar sieht man beim Blick nach Süden das Wintersechseck – kein Sternbild, sondern eine Figur aus sechs sehr hellen Sternen, die alle zu den Wintersternbildern gehören. Hoch oben über unseren Köpfen steht Kapella im Fuhrmann, im Uhrzeigersinn folgen dann Aldebaran im Stier, Rigel im Orion, Sirius im Großen Hund, Prokyon im Kleinen Hund und Pollux in den Zwillingen. Im Bereich dieses Wintersechsecks liegt rund ein Dutzend der hellsten Sterne, die man am Himmel sehen kann. Alle stehen im Februar quasi in ihrer höchsten Position am Himmel. Dies erklärt den besonders prachtvollen Anblick des Winterhimmels beim Blick nach Süden.

Sterne sind nicht grau

Anhand des Wintersechsecks kann man sehr gut erkennen, dass die Sterne unterschiedliche Farben haben: Aldebaran, Pollux und Beteigeuze leuchten rötlich, Kapella und Prokyon gelblich und Sirius, die Gürtelsterne des Orions sowie Rigel bläulich weiß. Im Orion etwas unterhalb der drei hellen Gürtelsterne des Himmelsjägers ist bei etwas dunklerem Himmel ein Lichtfleck zu erkennen, den man bei einem flüchtigen Blick mit einem Stern verwechseln kann. In Wirklichkeit handelt es sich dabei um den Orion-Nebel, der unter einem dunklen Landhimmel nicht zu übersehen ist.

Der Orion ist in der griechischen Sage ein mächtiger und erfolgreicher Jäger. Er entstand nach zehn Monaten aus einer in der Erde vergrabenen Stierhaut, die den Samen von Zeus, Poseidon und eines weiteren Gottes enthielt. Orion starb am Stich eines Skorpions. Sowohl den Jäger als auch den Skorpi-

on hat Göttervater Zeus an den Himmel versetzt – schön weit voneinander getrennt, damit sie nicht mehr zusammentreffen können: Orion ist ein Wintersternbild, der Skorpion ein Sommersternbild.

Vorbote des Frühlings

Am Westhimmel halten sich noch die Herbststernbilder, vor allem Perseus und Andromeda. Zusammen mit der Kassiopeia prägen sie das Aussehen dieses Himmelsareals. Das Viereck des Pegasus ist dagegen schon weitgehend im Horizontdunst verschwunden.
Beim Blick nach Osten kann man erkennen, dass der Winter bald der Vergangenheit angehören wird. Neben mehreren unscheinbaren Sternbildern steht dort nämlich auch der Löwe – eines der markantesten Sternbilder des abendlichen Frühlingshimmels.

Die Sichtbarkeit der Planeten

2010

Venus ist unbeobachtbar.
Mars steht abends hoch im Südosten im Krebs und ist die ganze Nacht über zu sehen.
Jupiter ist unbeobachtbar.
Saturn in der Jungfrau steht in der Abenddämmerung am Osthimmel und in der Morgendämmerung im Westen.

2011

Venus ist am morgendlichen Osthimmel zu sehen.
Mars ist unbeobachtbar.
Jupiter ist zu Monatsbeginn in der Abenddämmerung noch tief am Westhimmel zu sehen.
Saturn in der Jungfrau steht nach Einbruch der Dunkelheit im Osten und gegen Ende der Nacht im Südwesten.

2012

Venus steht am abendlichen Westhimmel.
Mars steht abends im Südosten im Löwen und ist die ganze Nacht über zu sehen.
Jupiter im Widder steht noch abends am Westhimmel.

Im Dunkeln sehen

Wer aus einem hell erleuchteten Raum in die Dunkelheit geht, sieht nicht viel. Doch im Lauf der nächsten halben Stunde passen sich die Augen an: Man kann nach und nach Dinge sehen, die man zunächst nicht erkannt hat – etwa schwache Sterne am Himmel.

Saturn in der Jungfrau steht bei Einbruch der Dunkelheit im Osten und morgens im Südwesten.

2013

Venus ist unbeobachtbar.
Mars ist unbeobachtbar.
Jupiter im Stier steht abends hoch im Südwesten und geht erst weit nach Mitternacht unter.
Saturn in der Waage geht vor Mitternacht im Osten auf und steht in der Morgendämmerung im Südwesten.

2014

Venus ist am morgendlichen Osthimmel zu sehen.
Mars geht in den späten Abendstunden im Osten auf und ist dann den Rest der Nacht in der Jungfrau zu sehen.
Jupiter in den Zwillingen steht abends hoch im Süden und geht erst in der zweiten Nachthälfte unter.
Saturn in der Waage geht nach Mitternacht im Osten auf und steht in der Morgendämmerung im Süden.

2015

Venus steht am abendlichen Westhimmel.
Mars ist unbeobachtbar.
Jupiter im Krebs steht abends im Südosten und geht morgens im Westen unter.
Saturn im Skorpion geht nach Mitternacht im Südosten auf und steht morgens im Süden.

2016

Venus bleibt so gut wie unbeobachtbar.

Partielle Sonnenfinsternis: Am 31. Mai 2003 bedeckte der Mond frühmorgens teilweise die Sonne.

Mars in der Waage geht nach Mitternacht auf und steht morgens im Süden.
Jupiter im Löwen geht bald nach der Abenddämmerung auf und ist die ganze Nacht zu sehen.
Saturn im Schlangenträger steht in der Morgendämmerung im Südosten.

2017
Venus steht abends im Südwesten.
Mars in den Fischen steht abends im Südwesten und geht vor Mitternacht unter.
Jupiter in der Jungfrau geht vor Mitternacht auf.
Saturn ist quasi unbeobachtbar.

2018
Venus ist unbeobachtbar.
Mars im Skorpion/Schlangenträger steht gegen Morgen im Südosten.
Jupiter in der Waage geht in der zweiten Nachthälfte auf und steht morgens im Süden.
Saturn ist quasi unbeobachtbar.

2019
Venus steht gegen Morgen im Südosten.
Mars im Bereich Fische/Widder ist Planet der ersten Nachthälfte.
Jupiter im Schlangenträger steht morgens tief im Südosten.
Saturn ist quasi unbeobachtbar.

Zenit

Großer Wagen

Polarstern

Kleiner Wagen

Kassiopeia

Deneb

Norden

So findet man den Polarstern

Beim Blick nach Norden muss man den Kopf schon weit in den Nacken legen, um das Sternbild Großer Wagen zu finden. Es befindet sich rechts oben im Nordosten. Am höchsten steht der Wagenkasten, während die Wagendeichsel Richtung Osthorizont zeigt. Verlängert man den Abstand der hinteren beiden Kastensterne fünfmal in jene

Richtung, in die der Knick der Wagendeichsel zeigt, stößt man auf den Polarstern.
Die Kassiopeia liegt vom Polarstern aus gesehen wie ein Gegengewicht auf der dem Großen Wagen entgegengesetzten Seite. Fast exakt im Norden, sehr tief am Horizont, stößt man bei guter Sicht auf Deneb, den hellsten Stern des Schwans.

Vollmond und Neumond									
2010		2011		2012		2013		2014	
30.	15.	19.	4.	8.	22.	27.	11.	16.	1. 30.
2015		2016		2017		2018		2019	
5.	20.	23.	9.	12.	28.	2. 31.	17.	21.	6.

2015

Partielle Sonnenfinsternis: Am 20. März 2015 bedeckt der Mond einen großen Teil der Sonne.

Die Highlights des Monats

Partielle Sonnenfinsternis

Am **20. März 2015** gibt es im deutschen Sprachraum eine partielle Sonnenfinsternis zu sehen. Der Mond wandert dabei so vor der Sonne vorbei, dass nur eine schmale Sonnensichel übrigbleibt. Ungefähr um halb zehn beginnt sich die dunkle Mondscheibe von rechts vor die Sonne zu schieben, kurz nach 11.45 Uhr ist das Ereignis zu Ende – der Mond gibt die Sonne wieder frei.

Die nächste nennenswerte Sonnenfinsternis, die im deutschen Sprachraum zu sehen ist, findet im Jahr 2021 statt. Und erst 2026 wird im deutschen Sprachraum eine Sonnenfinsternis zu sehen sein, bei der der Mond unser Zentralgestirn noch weiter verdeckt als im Jahr 2015.

Wer das Schauspiel verfolgen will, muss seine Augen unbedingt vor der intensiven Sonnenstrahlung schützen (s. Seite 24). Das Aussehen der Sonnensichel hängt vom Ort der Beobachtung ab. Je weiter man sich im Norden befindet, desto schmaler wird sie.

In Flensburg zum Beispiel sind mehr als 80 Prozent der Sonnenscheibe verdeckt. Auf den Färöer-Inseln ist die Sonnenfinsternis total.

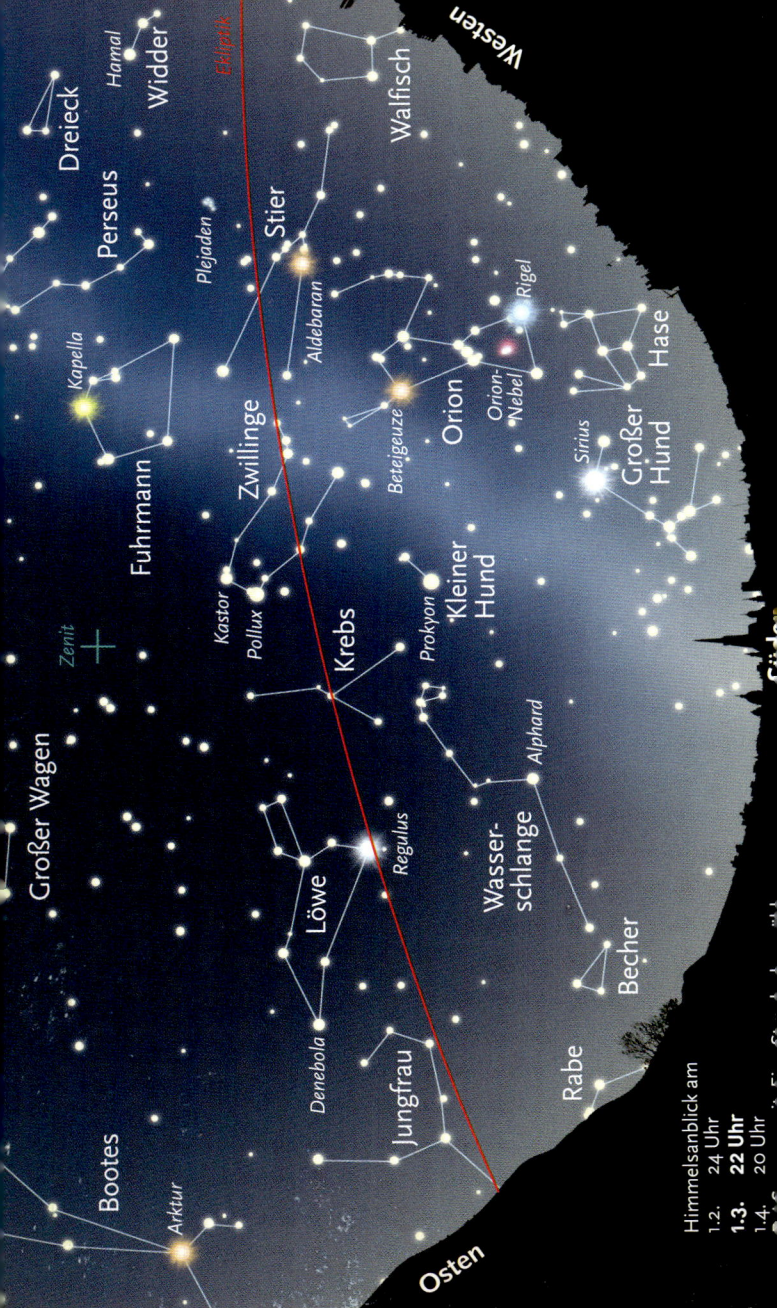

Der Sternenhimmel

Im März erscheint der Himmel beim Blick nach Süden zweigeteilt: rechts – Richtung Westen – stehen noch die hellen Sternbilder des Winters, links – Richtung Osten – die Frühlingssternbilder, die teilweise recht unauffällig sind. Rechts von der genauen Südrichtung stehen der Große Hund mit dem hellen Stern Sirius sowie die markante Figur des Orions im Südwesten. Die Sternbilder Fuhrmann, Perseus und Stier dominieren den Westhimmel. Kapella, der hellste Stern des Fuhrmanns, hat seine Position fast senkrecht über dem Beobachter aufgegeben und ist deutlich tiefer gesunken.

Winter ade

Nur die Sterne Kastor und Pollux in den Zwillingen stehen noch in großer Höhe. Zwischen den beiden Sternketten, die das Sternbild Zwillinge bilden, und Sirius tief am Südwesthorizont befindet sich der Kleine Hund mit dem hellen Prokyon. Die weit nach Westen gerückten Wintersternbilder signalisieren: der Frühling naht.

Blickt man nach Süden, steht linker Hand in größerer Höhe ein markantes Sternbild: der Löwe. Die Konturen dieser Figur kann man sich einprägen, indem man sich zwei Trapeze vorstellt. Das kleinere Trapez setzt rechts oben am größeren Trapez an und stellt den Kopf des Löwen dar. Das große Trapez, dessen unteren beide Ecken von zwei hellen Sternen markiert werden, ist der Körper des Löwen. Der hellere Stern heißt Regulus, der schwächere am anderen Ende des Löwen-Trapezes Denebola. Denebola kommt aus dem Arabischen und heißt „Schwanz des Löwen", Regulus aus dem Lateinischen und bedeutet „kleiner König".

Bei dem Sternbild handelt es sich um den Löwen, den Herkules in der griechischen Sage besiegt hat. Das war nicht einfach, denn die Höhle des Löwen hatte zwei Ausgänge und das Fell des Tiers konnte weder von Eisen noch von Erz oder Stein durchdrungen werden. Nachdem Herkules' Waffen alle versagt hatten, erwürgte er den Löwen mit bloßen Händen.

Neues am Osthimmel

Tief im Osten steht die Jungfrau, ein unscheinbares Sternbild, das mit Spika nur einen auffälligen Stern besitzt. Er befindet sich allerdings noch unter dem Horizont. Dagegen ist der Bootes bereits aufgegangen. Er sieht wie ein Kinderdrachen aus, der auf der Seite liegt. Der Name des hellsten Sterns, Arktur, stammt aus dem Griechischen und bedeutet „Bärenhüter".

Die Sichtbarkeit der Planeten

2010
Venus ist unbeobachtbar.
Mars steht abends hoch im Südosten im Krebs und ist die ganze Nacht über zu sehen.
Jupiter ist unbeobachtbar.
Saturn in der Jungfrau steht in der Abenddämmerung am Osthimmel und in der Morgendämmerung im Westen.

2011
Venus ist am morgendlichen Osthimmel zu sehen.
Mars ist unbeobachtbar.
Jupiter ist zu Monatsbeginn in der Abenddämmerung noch tief am Westhimmel zu sehen.
Saturn in der Jungfrau steht abends im Osten und gegen Ende der Nacht im Südwesten.

2012
Venus steht strahlend am abendlichen Westhimmel.
Mars steht abends im Südosten im Löwen und ist während der ganzen Nacht zu sehen.
Jupiter im Widder steht nach Einbruch der Nacht am Westhimmel.

Sonne – aber sicher!
Niemals die Sonne durch eine Sonnenbrille, eine CD oder andere Licht schwächende Gegenstände betrachten! Bleibende Schäden für die Augen sind sonst unvermeidlich. Sichere Sonnenfilterbrillen gibt es zum Beispiel im astronomischen Fachhandel.

Saturn in der Jungfrau steht bei Einbruch der Dunkelheit im Osten und morgens im Südwesten.

2013
Venus ist unbeobachtbar.
Mars ist unbeobachtbar.
Jupiter im Stier steht in der Abenddämmerung hoch im Südwesten und geht erst nach Mitternacht unter.
Saturn geht vor Mitternacht im Osten auf und steht in der Morgendämmerung im Südwesten.

2014
Venus ist am morgendlichen Osthimmel zu sehen.
Mars geht in den späteren Abendstunden im Osten auf und ist dann den Rest der Nacht in der Jungfrau zu sehen.
Jupiter in den Zwillingen steht abends hoch im Süden und geht erst in der zweiten Nachthälfte unter.
Saturn in der Waage geht nach Mitternacht im Osten auf und steht in der Morgendämmerung im Süden.

2015
Venus steht am abendlichen Westhimmel.
Mars ist unbeobachtbar.
Jupiter im Krebs steht abends im Südosten und geht erst in der Morgendämmerung im Westen unter.
Saturn im Skorpion geht nach Mitternacht im Südosten auf und steht in der Morgendämmerung im Süden.

Venus

Jupiter

Mond

West

März 2012 tief am westlichen Abendhimmel: Venus wandert an Jupiter vorbei. Ende des Monats gesellt sich der Mond hinzu.

2016

Venus ist unbeobachtbar.
Mars in Bereich Waage/Skorpion geht um Mitternacht auf und steht morgens im Süden.
Jupiter im Löwen ist die ganze Nacht zu sehen.
Saturn im Schlangenträger geht in der zweiten Nachthälfte auf und steht morgens im Süden.

2017

Venus steht nach Sonnenuntergang im Westen.
Mars im Bereich Fische/Widder steht abends tief im Westen.
Jupiter in der Jungfrau geht vor Mitternacht auf.
Saturn im Schütze steht gegen Morgen im Südosten.

2018

Venus ist unbeobachtbar.
Mars im Schlangenträger/ Schütze steht morgens tief im Südosten
Jupiter in der Waage geht um Mitternacht auf und steht morgens hoch im Süden.
Saturn im Schütze steht morgens sehr tief im Südosten.

2019

Venus ist so gut wie unbeobachtbar.
Mars im Widder/Stier steht abends im Westen.
Jupiter im Schlangenträger steht morgens tief im Südosten.
Saturn im Schütze steht in der Morgendämmerung tief im Südosten.

März

25

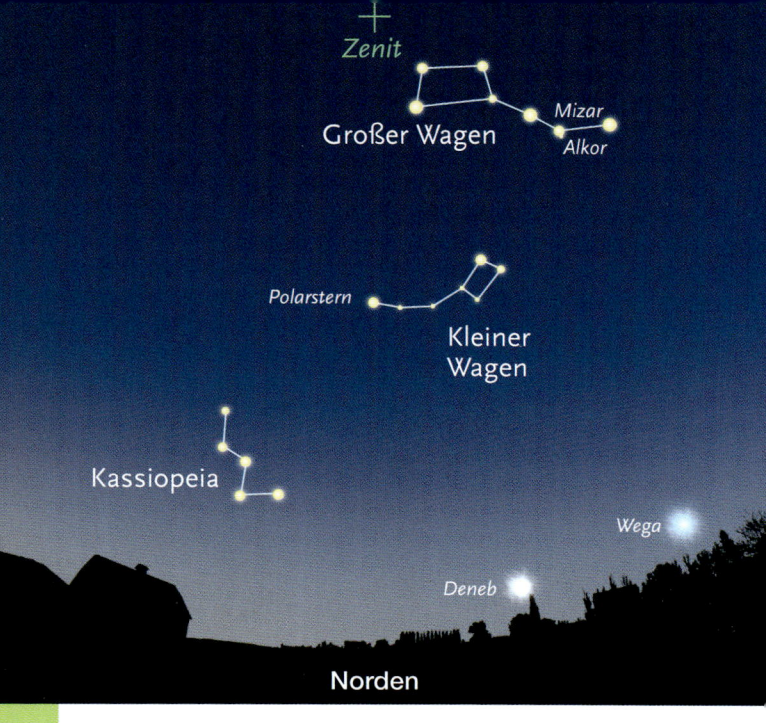

So findet man den Polarstern

Wer in diesem Monat den Großen Wagen finden möchte, muss seinen Kopf in den Nacken legen: Der Wagenkasten des Sternbilds hat seine Höchststellung fast erreicht. Blickt man nach Norden, findet man den Polarstern, indem man den Abstand der beiden hinteren Kastensterne fünfmal fast senkrecht nach unten verlängert.

Schaut man sich den Stern am Knick der Wagendeichsel genauer an, kann man dicht bei ihm einen zweiten schwächeren Lichtpunkt erkennen. Es handelt sich um Mizar und das Reiterlein Alkor. Die Kassiopeia in Horizontnähe erinnert in ihrer jetzigen Position an den Buchstaben W; tief am Nordhorizont funkeln Deneb und Wega.

Vollmond und Neumond

2010		2011		2012		2013		2014	
28.	14.	18.	3.	6.	21.	25.	10.	15.	29.
2015		**2016**		**2017**		**2018**		**2019**	
4.	18.	22.	7.	11.	26.	30.	16.	19.	5.

Etwas für aufmerksame Himmelsbeobachter:
die Mini-Mondfinsternis am 25. April 2013.

Die Highlights des Monats

Ein Hauch von Mondfinsternis

Am Abend des **25. April 2013** ereignet sich am Osthimmel eine extrem kurze Mondfinsternis. Beim flüchtigen Hinschauen wird man davon kaum etwas bemerken. Kurz vor 22 Uhr Sommerzeit macht sich am Nordrand der Mondscheibe ein winziger dunkler Fleck bemerkbar, der dann langsam etwas größer wird. Eine halbe Stunde später ist alles vorbei.

Merkur, der schwierige Planet

Neben den Planeten Venus, Mars, Jupiter und Saturn gibt es noch einen weiteren, den man mit bloßem Auge sehen kann: Merkur. Doch die Bedingungen dafür sind vom deutschen Sprachraum aus nicht gut, denn Merkur entfernt sich am Himmel nie weit von der Sonne, ist also nur in der Dämmerung zu sehen. Unter einem städtischen Nachthimmel ist Merkur daher mit dem bloßen Auge ein schwieriges Ziel. Wer Merkur trotzdem einmal aufspüren möchte, schaut am besten im „Kosmos Himmelsjahr" nach.

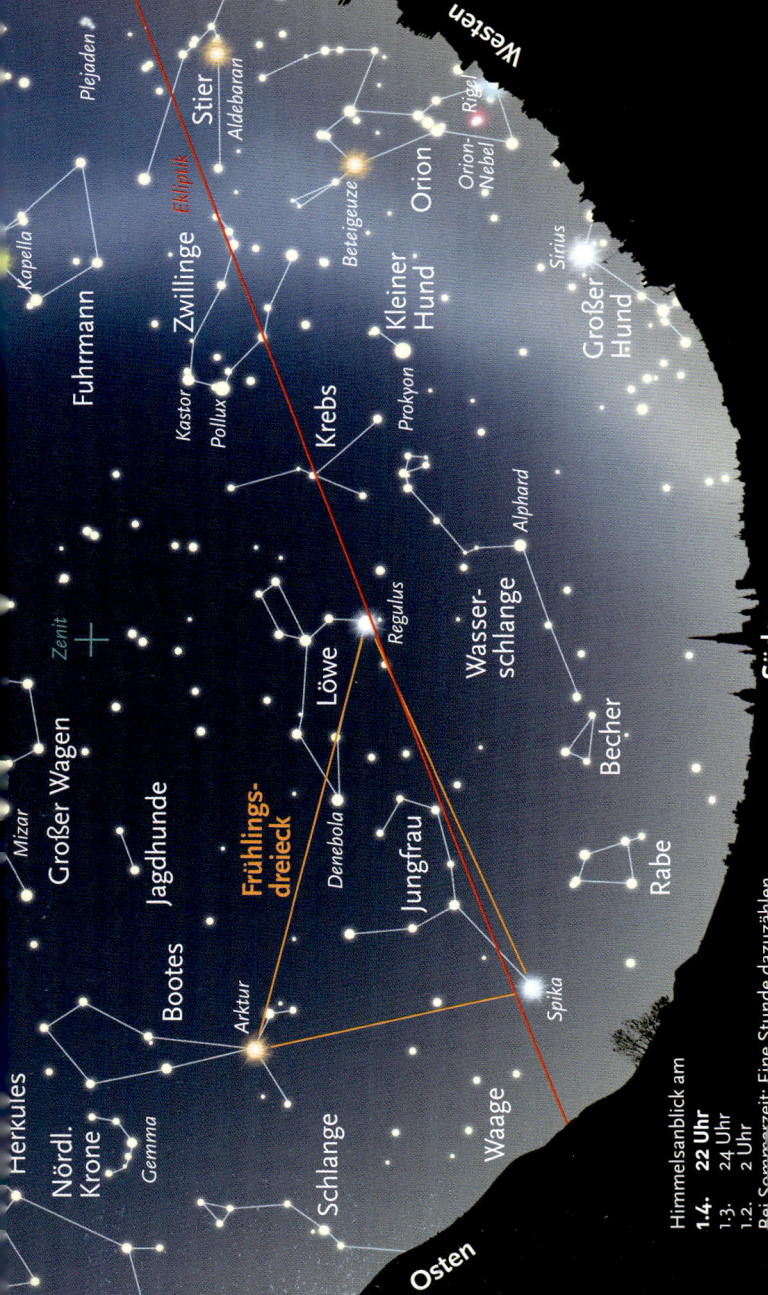

Der Sternenhimmel

Im April stößt man beim Blick nach Süden auf das Sternbild Löwe mit den beiden hellen Sternen Denebola und Regulus. Der Löwe steht recht hoch am Himmel und ist in dieser Gegend die einzige markante Figur, die ins Auge fällt. Dreht man den Kopf weiter nach links, stößt man auf zwei weitere helle Sterne am Südosthimmel: Arktur und Spika. Zusammen mit Regulus bilden diese funkelnden Lichtpunkte das so genannte Frühlingsdreieck. Der Name erklärt sich aus der Tatsache, dass diese drei Sterne besonders gut am abendlichen Frühlingshimmel zu sehen sind.

Auffällige Sterne

Spika ist der hellste Stern im Sternbild Jungfrau, einer großen, aber relativ unauffälligen Figur. Wie Regulus im Löwen hat Spika blauweiße Farbe,

Arktur im Bootes leuchtet dagegen rötlich. Der hellste Stern des Sternbilds Bootes gehört auch zu den drei hellsten Sternen, die man vom deutschen Sprachraum aus überhaupt am Himmel sehen kann. Um diese Uhrzeit liegt der Bootes, der auch als Ochsentreiber bezeichnet wird, waagerecht am Osthimmel. Die Form des Sternbilds erinnert an einen Kinderdrachen oder eine Eistüte, wobei Arktur jeweils die untere Spitze darstellt. Links unterhalb des großen Bootes liegt ein kleines Sternbild aus schwächeren Sternen, die einen Halbkreis bilden: die Nördliche Krone. Der hellste Stern der Krone steht in der Mitte des Halbkreises und heißt Gemma, was der lateinische Begriff für „Edelstein" ist.

So wie Arktur und Regulus mit Spika ein Dreieck bilden, tun sie dies auch

mit dem hellsten Stern der Jagdhunde. Das kleine Sternbild steht zwischen dem Bootes und dem Großen Wagen, seine Figur besteht wie die des Kleinen Hundes nur aus zwei Sternen. Allerdings leuchten die beiden Sterne der Jagdhunde nicht so hell.

Ein Funkeln am Horizont

Tief am Südwesthimmel geht gerade die markante Figur des Orion unter. Links von diesem Sternbild funkelt auch noch Sirius, der hellste Stern des Himmels, im Horizontdunst. Von den Wintersternbildern sind nur noch der Kleine Hund mit Prokyon, die Zwillinge mit Kastor und Pollux sowie der Fuhrmann mit Kapella gut zu beobachten. Der rötlich leuchtende Aldebaran im Stier steht dagegen schon tief am Westhorizont.

Die Sichtbarkeit der Planeten

2010
Venus ist unbeobachtbar.
Mars steht abends im Südwesten im Krebs und geht gegen Ende der Nacht unter.
Jupiter ist unbeobachtbar.
Saturn in der Jungfrau steht in der Abenddämmerung im Südosten und geht in der Morgendämmerung im Westen unter.

2011
Venus ist unbeobachtbar.
Mars ist unbeobachtbar.
Jupiter ist unbeobachtbar.
Saturn in der Jungfrau steht in der Abenddämmerung im Südosten und steht gegen Ende der Nacht im Südwesten.

2012
Venus ist in der abendlichen Dämmerung ein auffälliges Objekt am Westhimmel.
Mars steht abends hoch im Südosten im Löwen und ist die ganze Nacht zu sehen.
Jupiter steht in der Abenddämmerung sehr tief am Westhimmel.

Erlebnis Astronomie

In vielen Städten und Gemeinden gibt es Planetarien und Volkssternwarten. Dort kann man mehr über den Sternhimmel erfahren. Adressen stehen beispielsweise im Internet (www.sternklar.de/gad) und im jährlich erscheinenden Buch „Kosmos Himmelsjahr".

Saturn in der Jungfrau taucht in der Abenddämmerung im Südosten auf und steht morgens im Südwesten.

2013
Venus ist unbeobachtbar.
Mars ist unbeobachtbar.
Jupiter im Stier steht abends am Westhimmel und geht kurz nach Mitternacht unter.
Saturn in der Waage geht in der Abenddämmerung im Südosten auf und steht in der Morgendämmerung im Südwesten.

2014
Venus ist unbeobachtbar.
Mars steht abends tief am Osthimmel in der Jungfrau und geht gegen Ende der Nacht unter.
Jupiter in den Zwillingen steht abends hoch im Südwesten und geht erst in der zweiten Nachthälfte unter.
Saturn in der Waage geht vor Mitternacht im Südosten auf und steht morgens im Südwesten.

2015
Venus ist ein auffälliges Objekt am abendlichen Westhimmel.
Mars ist unbeobachtbar.
Jupiter im Krebs steht in der Abenddämmerung hoch im Süden und geht erst kurz vor Beginn der Morgendämmerung im Westen unter.
Saturn im Skorpion geht gegen Mitternacht auf und steht zum Ende der Nacht halbhoch im Süden.

Stern mit Schweif:
Kometen sind seltene Himmelsschauspiele.

2016

Venus ist unbeobachtbar.
Mars im Schlangenträger ist in der zweiten Nachthälfte im Süden zu sehen.
Jupiter im Löwen steht abends schon hoch im Süden und ist die ganze Nacht zu sehen.
Saturn im Schlangenträger geht in der zweiten Nachthälfte auf und steht morgens im Süden.

2017

Venus ist unbeobachtbar.
Mars im Widder/Stier steht abends sehr tief im Westen.
Jupiter in der Jungfrau ist die ganze Nacht zu beobachten.
Saturn im Schütze ist in der zweiten Nachthälfte zu sehen.

2018

Venus ist so gut wie unbeobachtbar.
Mars im Schütze steht morgens tief im Südosten.
Jupiter in der Waage ist fast die ganze Nacht zu sehen.
Saturn im Schütze geht in der zweiten Nachthälfte auf und steht morgens im Süden.

2019

Venus ist unbeobachtbar.
Mars im Stier steht abends tief im Westen.
Jupiter im Schlangenträger geht in der zweiten Nachthälfte auf.
Saturn im Schütze steht in der Morgendämmerung im Südosten.

So findet man den Polarstern

Beim Blick in Richtung Norden sieht man den Großen Wagen hoch am Himmel stehen – fast senkrecht über dem Beobachter. Links liegt der „umgedrehte" Wagenkasten, rechts die Deichsel, deren Knick nun nach unten zeigt. Die Hinterachse des Wagens kann man nun fast senkrecht nach unten fünfmal verlängern, um den Polarstern zu finden. Da der Große Wagen nun seine höchste Stellung erreicht hat, steht die Kassiopeia dicht über dem Nordhorizont als Himmels-W.

Den Nordhimmel rahmen zwei helle Sterne ein, die ungefähr in der gleichen Höhe wie die Kassiopeia stehen: links Kapella im Fuhrmann, rechts Deneb im Schwan.

Vollmond und Neumond									
2010		2011		2012		2013		2014	
28.	14.	17.	3.	6.	21.	25.	10.	14.	28.
2015		2016		2017		2018		2019	
4.	18.	21.	6.	10.	25.	29.	15.	18.	4.

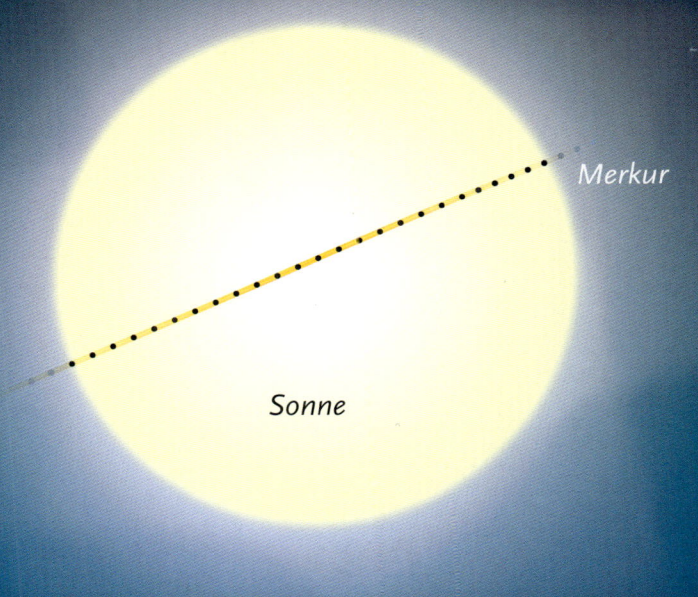

Planet auf der Sonne: Am 9. Mai 2016 zieht Merkur nachmittags über die Sonnenscheibe.

Die Highlights des Monats

Merkur vor der Sonne

Am **9. Mai 2016** wandert Merkur von der Erde aus betrachtet vor der Sonne vorbei. Der Planet, der als winziges, schwarzes Pünktchen erscheint, bewegt sich im Lauf von mehreren Stunden über die Sonnenscheibe hinweg. Etwa um 13.15 Uhr Sommerzeit taucht Merkur am linken Rand der Sonne ungefähr in der Mitte auf. Bis zum Sonnenuntergang gegen 20.50 Uhr Sommerzeit wandert der Planet dann über die Sonnenscheibe und verlässt sie an ihrem unteren Rand.

Das seltene Ereignis ist mit dem Auge nicht zu sehen, ein Fern-glas ist mindestens erforderlich. Wer das Ereignis verfolgen will, muss seine Augen aber unbedingt vor der intensiven Sonnenstrahlung schützen (s. Seite 24)! Einfacher geht das bei einem Besuch auf einer Volkssternwarte, wo man das Schauspiel gefahrlos an einem Fernrohr verfolgen kann (s. Seite 30, Kasten).

Am **11. November 2019** ereignet sich nochmals ein Merkurtransit (s. Seite 73), bei dem die Sonne allerdings nicht so günstig am Himmel steht. Wenn die Sonne um etwa 16.45 Uhr untergeht, steht Merkur noch vor ihr.

Mai

33

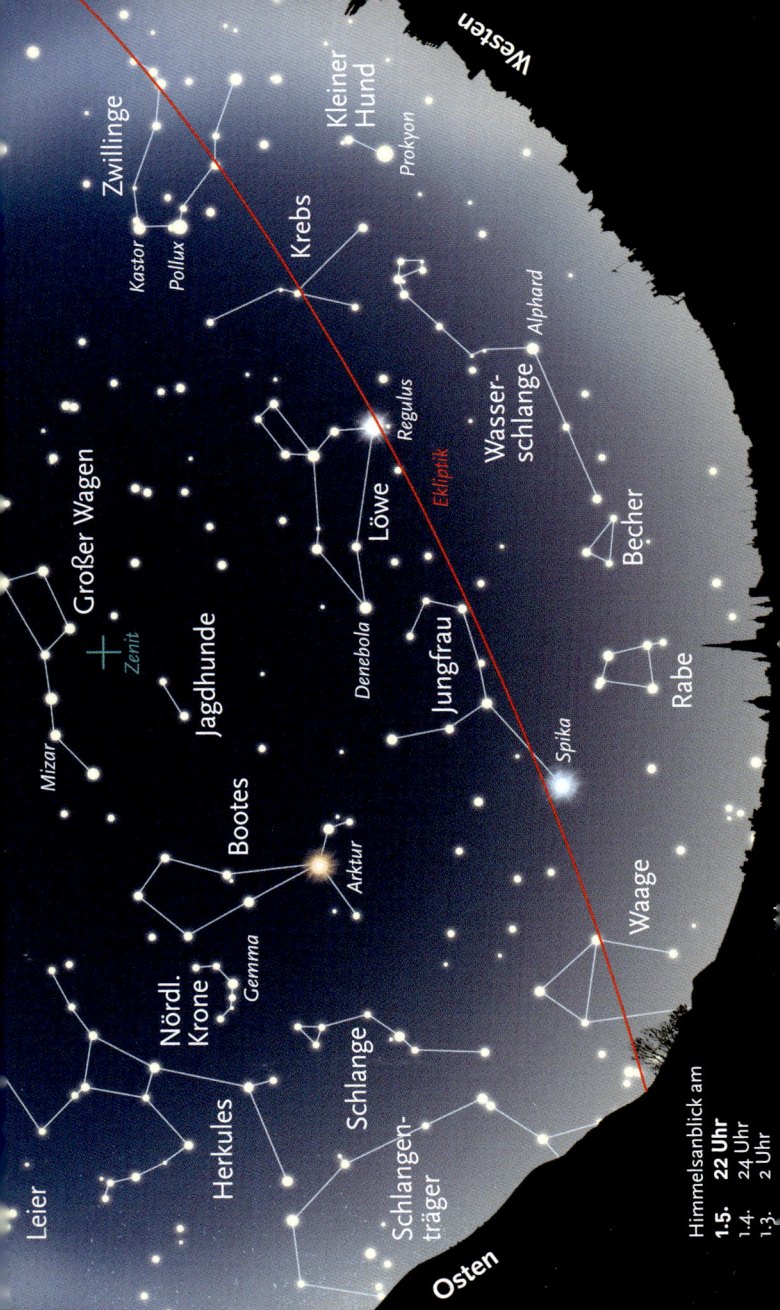

Westen

Zwillinge

Kastor
Pollux

Kleiner Hund

Prokyon

Krebs

Großer Wagen

Zenit

Wasser-
schlange

Alphard

Regulus

Löwe

Ekliptik

Becher

Jagdhunde

Mizar

Denebola

Jungfrau

Rabe

Bootes

Spika

Arktur

Nördl.
Krone

Gemma

Schlange

Waage

Leier

Herkules

Schlangen-
träger

Osten

Der Sternenhimmel

Im Mai dominiert noch immer das Frühlingsdreieck den Himmelsanblick in Richtung Süden: Regulus im Löwen steht schon deutlich im Südwesten, während Spika in der Jungfrau im Süden und Arktur im Bootes am Südosthimmel steht. Das Sternbild Jungfrau wurde in der Mythologie ursprünglich mit der Göttin der Fruchtbarkeit identifiziert. Daran erinnert heute noch die Kornähre (Spika heißt „Kornähre"), die die Figur auf alten Sternkarten trägt, in die man noch die Sagengestalten eingezeichnet hatte. Wenn das Sternbild vor 6000 Jahren erstmals wieder am Morgenhimmel aufrauchte, war dies für die damaligen Bauern das Signal, mit der Ernte zu beginnen.

Von Ochsen und Bären

Der Name des Sterns Arktur stammt von dem griechischen Wort für Bär („Arktos") ab und bedeutet Bärenhüter. Der Große Wagen, der nun senkrecht über dem Kopf des Beobachters am Nordhimmel steht, ist in Wirklichkeit der Teil eines viel ausgedehnteren Sternbilds, das Großer Bär heißt. Der Name „Bärenhüter" leitet sich daraus ab, dass das Sternbild Bootes (der Bärenhüter) im Lauf eines Jahres den Großen Bären immer vor sich hertreibt. Die Römer sahen in der Gestalt des Bootes dagegen einen Hirten, der sieben Drischochsen – die sieben Sterne des Großen Wagens – behütet und ihnen auf ihrem Weg um den Polarstern nicht von der Seite weicht. Links unterhalb des Bootes liegt die Nördliche Krone, deren Halbkreis dem kleinen Sternbild ein markantes Erscheinungsbild verleiht. Direkt unterhalb der Krone steht am Osthimmel der Herkules, ein großes Stern-

bild, das allerdings nur aus blassen Sternen besteht. Am auffälligsten ist dabei noch der Oberkörper dieser griechischen Sagengestalt: Vier schwächere Sterne bilden ein etwas verzerrtes Rechteck, von dessen Ecken lange Ketten aus schwachen Sternen ausgehen.

Vorboten des Sommers

Tief am Nordosthimmel sind schließlich die ersten Sternbilder des Sommerhimmels zu sehen. Vor allem der helle Stern Deneb (im Schwan) fällt bei einem flüchtigen Blick ins Auge (s. Nordkarte S. 32).
Dagegen halten sich am Westhimmel noch die letzten Wintersternbilder: Kleiner Hund, Zwillinge und Fuhrmann. Die hellen Sterne Prokyon, Pollux, Kastor und Kapella fallen sofort ins Auge (s. Nordkarte S. 32).

Die Sichtbarkeit der Planeten

2010
Venus ist faktisch unbeobachtbar.
Mars steht abends am Westhimmel im Krebs und geht in der zweiten Nachthälfte unter.
Jupiter ist unbeobachtbar.
Saturn in der Jungfrau steht abends im Südwesten und geht in der zweiten Nachthälfte unter.

2011
Venus ist unbeobachtbar.
Mars ist unbeobachtbar.
Jupiter ist unbeobachtbar.
Saturn in der Jungfrau steht in der Abenddämmerung im Süden und geht in der zweiten Nachthälfte unter.

2012
Venus steht in der Abenddämmerung am Westhimmel.
Mars steht abends im Südwesten im Löwen und geht gegen Ende der Nacht unter.

Den Himmel erleben

Wer sich intensiver mit dem Sternhimmel befassen will, braucht die richtigen Hilfsmittel: eine drehbare Sternkarte, ein Jahrbuch und ein Einführungsbuch in die Astronomie. Eine drehbare Sternkarte zeigt den Himmelsanblick zu beliebigen Zeitpunkten, ein Jahrbuch informiert über alle veränderlichen Himmelsereignisse. Der Kosmos-Verlag bietet hier ein umfangreiches Sortiment.

Jupiter ist unbeobachtbar.
Saturn in der Jungfrau steht in der Abenddämmerung im Süden und verschwindet mit der Morgendämmerung.

2013
Venus ist unbeobachtbar.
Mars ist unbeobachtbar.
Jupiter steht in der Abenddämmerung bereits tief im Westen.
Saturn im Grenzgebiet Jungfrau/Waage steht in der Abenddämmerung im Südosten und zum Ende der Nacht im Südwesten.

2014
Venus ist unbeobachtbar.
Mars steht abends im Süden in der Jungfrau und geht in der zweiten Nachthälfte unter.
Jupiter in den Zwillingen steht abends bereits am Westhimmel und geht noch vor Mitternacht unter.
Saturn in der Waage steht in der Abenddämmerung im Südosten, um Mitternacht im Süden und in der Morgendämmerung im Südwesten.

2015
Venus steht in der Abenddämmerung am Westhimmel.
Mars ist unbeobachtbar.
Jupiter im Krebs steht in der Abenddämmerung im Südwesten und geht in der zweiten Nachthälfte unter.
Saturn in der Waage geht in der ersten Nachthälfte im Osten auf und steht in der Morgendämmerung im Südwesten.

Planeten in der Abenddämmerung:
Die helle Venus und rechts unter ihr der schwächere Jupiter.

2016
Venus ist unbeobachtbar.
Mars im Skorpion geht vor Mitternacht auf und steht morgens im Süden.
Jupiter im Löwen ist die ganze Nacht zu sehen.
Saturn im Schlangenträger ist fast die ganze Nacht zu sehen.

2017
Venus ist so gut wie unbeobachtbar.
Mars ist quasi unbeobachtbar.
Jupiter in der Jungfrau steht in der Abenddämmerung im Süden.
Saturn im Schütze/Schlangenträger ist in der zweiten Nachthälfte zu sehen.

2018
Venus steht nach Sonnenuntergang tief im Westen.
Mars im Schütze/Steinbock steht in der Morgendämmerung im Südosten.
Jupiter in der Waage ist die ganze Nacht zu beobachten.
Saturn im Schütze ist in der zweiten Nachthälfte zu sehen.

2019
Venus ist unbeobachtbar.
Mars in den Zwillingen steht abends tief im Westen.
Jupiter im Schlangenträger ist fast die ganze Nacht zu sehen.
Saturn im Schütze ist in der zweiten Nachthälfte im Südosten zu sehen.

So findet man den Polarstern

Beim Blick nach Norden fällt das Auge auf den Großen Wagen, der noch immer hoch im Nordwesten steht. Das Sternbild steht sozusagen auf seinen hinteren beiden Kastensternen, die Deichsel schräg nach oben in die Höhe gereckt. Verlängert man den Abstand der beiden hinteren Kastensterne um das Fünffache in die Richtung, in die der Knick der Wagendeichsel zeigt, stößt man auf den Polarstern. Zieht man in Gedanken eine Linie von der Wagendeichsel über den Polarstern bis zum Nordhorizont, stößt man auf die Kassiopeia, deren Form an den Buchstaben W erinnert. Tief im Nordwesten ist bei guter Horizontsicht die funkelnde Kapella zu erkennen.

Vollmond und Neumond									
2010		2011		2012		2013		2014	
26.	12.	15.	1.	4.	19.	23.	8.	13.	27.
2015		2016		2017		2018		2019	
2.	16.	20.	5.	9.	24.	28.	13.	17.	3.

15. Juni 2011, kurz nachdem der Mond aufgegangen ist: Diese Mondfinsternis geht bereits ihrem Ende entgegen.

Die Highlights des Monats

Ende einer Mondfinsternis

Wenn der Mond am Abend des **15. Juni 2011** im Südosten aufgeht, zeigt er nicht seinen gewohnten Anblick, weil gerade eine totale Mondfinsternis stattfindet. Doch wir werden nur Zeuge der letzten Phase: Kurz nach 23 Uhr Sommerzeit taucht die linke Seite unseres Trabanten wieder aus dem Erdschatten auf und nach Mitternacht bietet der Mond wieder den gewohnten Anblick. Dann steht er noch immer tief am Südhimmel.

Venus vor der Sonne

Ebenfalls tief am Osthimmel spielt sich am **6. Juni 2012** morgens nach Sonnenaufgang ein Vorübergang der Venus vor der Sonnenscheibe ab (s. S. 43). Der deutsche Sprachraum wird nur noch Zeuge der letzten Minuten des Ereignisses sein. Gegen 5.45 Uhr Sommerzeit ist der Spuk bereits vorbei; die Venus hat die Sonnenscheibe wieder verlassen. Ob man das kleine schwarze Venusscheibchen vor der hellen Sonnenscheibe erkennen kann, hängt stark davon ab, wie klar es in der Nähe des Horizonts ist. Wer das Ereignis verfolgen will, muss seine Augen unbedingt vor der intensiven Sonnenstrahlung schützen (s. Seite 24).

Juni

39

Westen

Kastor
Pollux
Zwillinge

Krebs

Regulus

Wasser-
schlange

Alphard

Löwe

Ekliptik

Denebola

Becher

Jungfrau

Rabe

Großer Wagen

Jagdhunde

Bootes

Spika

Mizar

Zenit

Arktur

Schlange

Waage

Gemma

Drache

Nördl.
Krone

Schlangen-
träger

Skorpion

Antares

Herkules

Wega

Leier

Schwan

Albireo

Pfeil

Adler

Atair

Osten

Himmelsanblick am
1.6. 22 Uhr
1.5. 24 Uhr
1.4. ·2 Uhr

Der Sternenhimmel

Im Juni wird es in weiten Teilen des deutschen Sprachraums nicht richtig dunkel. Diese Zeit der weißen Nächte dauert umso länger, je weiter man im Norden wohnt. Nur südlich einer Linie Straßburg-Passau wird es noch völlig dunkel, allerdings dauert auch hier die Nacht nur wenige Stunden.

Beim Blick an den Südhimmel fällt zuerst der Bootes mit dem rötlich leuchtenden Arktur ins Auge. Links davon steht das Sternbild Nördliche Krone mit dem funkelnden Edelstein Gemma, dem hellsten Stern der Krone. Unterhalb von Bootes und Krone stößt man auf schwächere Sternbilder, nur Spika in der Jungfrau macht da eine Ausnahme.

Ein Leuchten im Südosten

Tief im Südosten ist ein Teil des Sternbilds Skorpion zu sehen. Am auffälligs-ten funkelt Antares, der zu den 20 hellsten Sternen des Nachthimmels gehört. Antares bedeutet im Griechischen „Gegen-Mars". Der Name erklärt sich durch das rötliche Leuchten des Sterns, das an die Farbe des Mars erinnert. In der griechischen Mythologie tötete der Skorpion mit einem Stich seines Stachels den Himmelsjäger Orion. Um das Sternbild des Skorpions jedoch in ganzer Pracht zu sehen, muss man weit in südliche Gefilde reisen. Von Mitteleuropa aus ist die Figur nämlich nie ganz zu sehen.

Am Osthimmel sind nun bereits die drei markantesten Sternbilder des Sommerhimmels zu sehen: Leier, Schwan und Adler. Ihre jeweils hellsten Sterne – Wega, Deneb (s. S. 38) und Atair – leuchten weiß. Zwischen Leier und Nördlicher Krone stößt man auf das große Sternbild Herkules.

Löwe im Sturzflug

Das Frühlingsdreieck aus Arktur, Spika und Regulus ist nun vollständig auf die westliche Himmelshälfte vorgerückt. Regulus im Löwen steht bereits in relativ geringer Höhe am Westhimmel; das königliche Tier stürzt sich mit dem Kopf voraus (das kleinere der beiden Sterntrapeze) in Richtung Horizont. Dagegen befinden sich die Jagdhunde zwischen Löwe und Großem Wagen noch hoch oben am Himmel. Die beiden Sterne, die das Sternbild markieren, sind zwar nicht besonders hell, aber wegen der Nähe zur Deichsel des Großen Wagens leicht zu finden.

Von den Sternen des Winterhimmels behaupten sich, der Jahreszeit entsprechend, nur noch Kastor und Pollux in den Zwillingen im Dunst des Westhorizonts.

Die Sichtbarkeit der Planeten

2010

Venus ist kurz in der Abenddämmerung am Westhimmel zu sehen.
Mars steht abends am Westhimmel im Löwen und geht nach Mitternacht unter.
Jupiter ist faktisch unbeobachtbar.
Saturn in der Jungfrau steht in der Abenddämmerung bereits im Westen und geht dort vor Beginn der Morgendämmerung unter.

2011

Venus ist unbeobachtbar.
Mars ist unbeobachtbar.

Sterne des Südens

Bei einer Fernreise verändert sich der Anblick des Sternhimmels grundlegend. Beispielsweise kann man vom Süden Afrikas, Australiens oder Südamerikas den Großen Wagen nicht mehr sehen, von der Mitte oder vom Norden dieser Kontinente aus dagegen schon. Viele Sternbilder des Südhimmels wiederum sind in Mitteleuropa nie oder nur teilweise zu sehen.
Für einen Betrachter auf der Südhalbkugel der Erde gehen die Sterne zwar weiterhin im Osten auf und im Westen unter, aber sie erreichen ihre größte Höhe über dem Horizont im Norden. Auch die Sonne steht mittags im Norden.

Jupiter ist unbeobachtbar.
Saturn in der Jungfrau steht abends bereits im Südwesten und geht in der zweiten Nachthälfte unter.

2012

Venus ist unbeobachtbar.
Mars steht abends im Südwesten im Löwen und geht nach Mitternacht unter.
Jupiter ist unbeobachtbar.
Saturn in der Jungfrau steht abends im Südwesten und geht später im Westen unter.

2013

Venus ist unbeobachtbar.
Mars ist unbeobachtbar.
Jupiter ist unbeobachtbar.
Saturn in der Jungfrau steht in der Abenddämmerung im Südwesten und geht in der zweiten Nachthälfte unter.

2014

Venus ist unbeobachtbar.
Mars steht abends im Südwesten in der Jungfrau und geht dann in der zweiten Nachthälfte unter.
Jupiter ist unbeobachtbar.
Saturn in der Waage steht in der Abenddämmerung im Süden und geht in der zweiten Nachthälfte im Südwesten unter.

2015

Venus steht in der Abenddämmerung am Westhimmel.
Mars ist unbeobachtbar.
Jupiter steht in der Abenddämmerung am Westhimmel und geht nach Mitternacht unter.

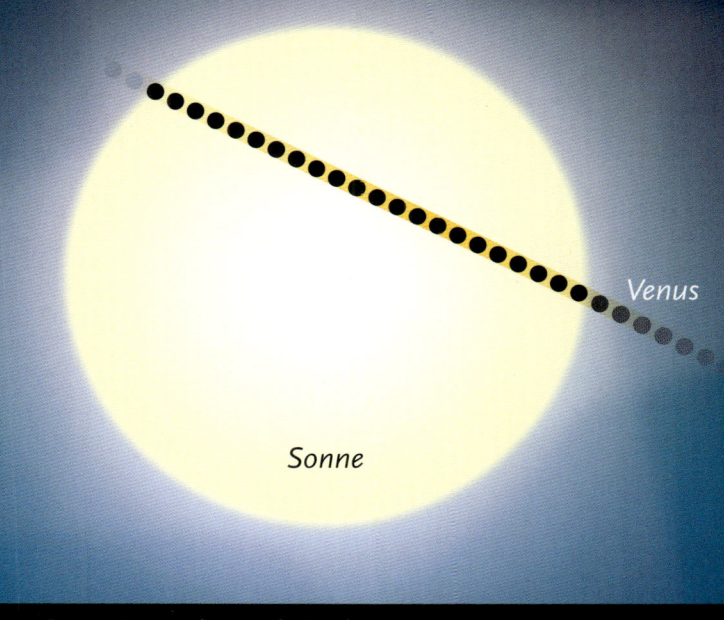

Venus

Sonne

Planet Venus tritt vor die Sonne: In den Morgenstunden des 6. Juni 2012 findet diese „Mini-Sonnenfinsternis" statt.

Saturn im Grenzgebiet Waage/ Skorpion/Schlangenträger steht in der Abenddämmerung im Süden und verschwindet mit der Morgendämmerung.

2016
Venus ist unbeobachtbar.
Mars in der Waage ist die ganze Nacht zu sehen.
Jupiter im Löwen geht in der zweiten Nachthälfte unter.
Saturn im Schlangenträger ist die ganze Nacht zu sehen.

2017
Venus ist so gut wie unbeobachtbar.
Mars ist unbeobachtbar.
Jupiter in der Jungfrau ist die ganze Nacht zu sehen.

Saturn im Schlangenträger ist die ganze Nacht zu sehen.

2018
Venus steht nach Sonnenuntergang tief im Westen.
Mars im Steinbock ist die ganze Nacht zu sehen.
Jupiter in der Waage ist fast die ganze Nacht zu sehen.
Saturn im Schütze ist die ganze Nacht zu sehen.

2019
Venus ist unbeobachtbar.
Mars ist faktisch unbeobachtbar.
Jupiter im Schlangenträger ist die ganze Nacht zu sehen.
Saturn im Schütze ist die ganze Nacht zu sehen.

Juni

43

Zenit

Großer Wagen

Kleiner Wagen

Deneb

Polarstern

Kassiopeia

Kapella

Norden

So findet man den Polarstern

Der Große Wagen steht in mittleren Höhen im Nordwesten, die Deichsel senkrecht nach oben gereckt. Die hinteren beiden Kastensterne weisen fast waagerecht den Weg zum Polarstern: Verlängert man den Abstand der hinteren beiden Kastensterne fünfmal nach rechts, also in die Richtung, in die der Knick der Deichsel zeigt, trifft man auf den isoliert stehenden Polarstern. Die Kassiopeia hat sich rechter Hand im Nordosten bereits wieder aus den horizontnahen Dunstschichten erhoben. Ihre fünf hellen Sterne formen das Himmels-W.

Ganz tief am Nordhorizont kann man bei sehr klarer Luft vielleicht noch den hellen Stern Kapella schwach funkeln sehen.

Vollmond und Neumond									
2010		2011		2012		2013		2014	
26.	11.	15.	1. 30.	3.	19.	22.	8.	12.	27.
2015		2016		2017		2018		2019	
2. 31.	16.	19.	4.	9.	23.	27.	13.	16.	2.

2018

2019

Mondfinsternisse 2018 und 2019: So wird der Mond am 27. Juli 2018 und am 16. Juli 2019 verfinstert.

Die Highlights des Monats

Totale Mondfinsternis
Am Abend des **27. Juli 2018** geht der Mond um etwa 21 Uhr auf und ist bereits zum Teil verfinstert. Von 21.30 bis 23.15 Uhr ist er dann vollständig in den Erdschatten eingetaucht und sieht aus wie eine rote Murmel. Kurz nach Mitternacht endet die Verfinsterung.

Partielle Mondfinsternis
Am **16. Juli 2019** wandert der Mond nur zum Teil durch den Erdschatten. Wenn die Finsternis beginnt, ist der Mond erst kurz zuvor aufgegangen und es ist noch nicht richtig dunkel. Gegen 23.30 Uhr ist unser Tra-

bant maximal bedeckt, steht aber noch immer tief im Südosten.

Mond trifft Jupiter
Am **15. Juli 2012** geht kurz vor Beginn der Morgendämmerung die Sichel des abnehmenden Mondes am Osthorizont auf. Während sie am Himmel höher steigt, kann man dicht neben ihr einen hellen Lichtpunkt erkennen: den Jupiter. Kurz vor 3.45 Uhr Sommerzeit verschwindet der Planet hinter der beleuchteten Seite des Mondes, weil sich unser Trabant im Lauf einer Nacht merklich vor dem Hintergrund der Sterne bewegt (s. Seite 49).

Juli

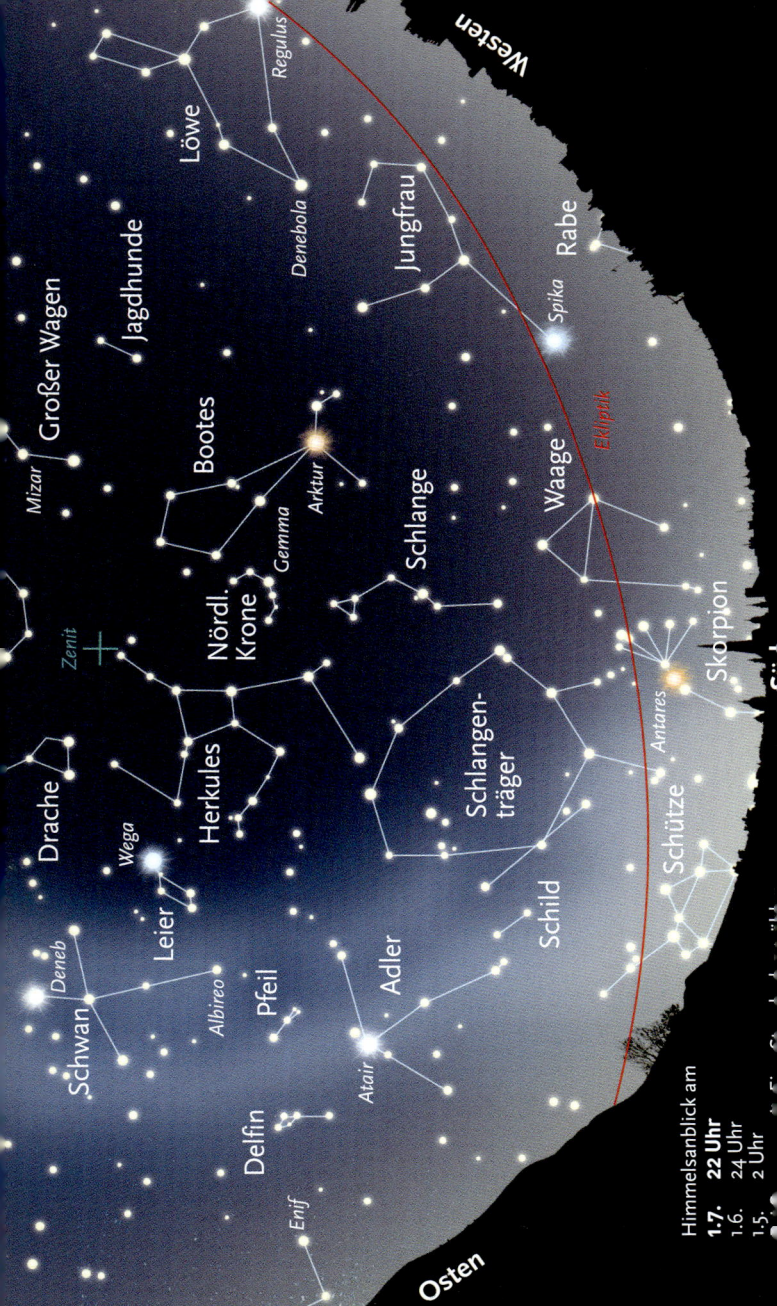

Westen

Regulus

Löwe

Jagdhunde

Großer Wagen

Mizar

Denebola

Jungfrau

Rabe

Spika

Bootes

Arktur

Gemma

Schlange

Ekliptik

Waage

Nördl. Krone

Zenit

Skorpion

Drache

Antares

Herkules

Schlangen- träger

Wega

Leier

Schütze

Schild

Deneb

Albireo

Pfeil

Schwan

Adler

Atair

Delfin

Enif

Himmelsanblick am
1.7. 22 Uhr
1.6. 24 Uhr
1.5. 2 Uhr

Osten

Der Sternenhimmel

Im Juli fällt beim Blick nach Süden nur ein heller Stern ins Auge: Antares im Skorpion, der nun seine höchste Stellung über dem Horizont erreicht hat. Der rötlich leuchtende Stern bildet quasi das Gegengewicht zu den anderen hellen Sternen, die am Ost- und Westhimmel stehen. Hoch im Süden, fast senkrecht über unseren Köpfen, befindet sich jetzt das ausgedehnte Sternbild Herkules. Den Oberkörper der griechischen Sagengestalt formen vier schwächere Sterne, die in der Form eines relativ gleichmäßigen Trapezes angeordnet sind.

Himmlischer Held

Auf alten Sternenkarten mit figürlichen Darstellungen der Sternbilder sieht man den kräftigen Herkules gekleidet in ein Löwenfell und bewaffnet mit einer mächtigen Keule. Die griechische Sagengestalt ist berühmt für ihre zwölf Heldentaten: Unter anderem erlegte Herkules den nemeischen Löwen, die lernäische Wasserschlange und den Krebs, außerdem fing er den kretischen Stier und holte die goldenen Äpfel der Hesperiden, die von einem Drachen bewacht wurden. Nebenbei befreite Herkules den Prometheus, dem ein Adler die Leber bei lebendigem Leib heraushackte. Herkules erschoss den Vogel mit einem Pfeil. Die Figuren dieser Heldentaten finden wir heute noch alle als Sternbilder am Himmel: Löwe, Wasserschlange, Krebs, Stier, Drache, Adler und Pfeil – am Frühlings- und Sommerhimmel.

In der westlichen Himmelshälfte haben sich inzwischen die typischen Sternbilder des Frühlingshimmels versammelt. Löwe und Jungfrau neigen sich schon deutlich ihrem Untergang entgegen.

Dominierendes Sternbild in dieser Himmelsregion bleibt der Bootes mit dem hellen, rötlich leuchtenden Arktur.

Blick auf die Milchstraße

Die Osthälfte des Himmels haben nun die Sommersternbilder in Beschlag genommen. Leier, Schwan und Adler sind dabei die drei beherrschenden Sternbilder, weil sie jeweils einen sehr hellen Stern enthalten: Wega in der Leier, Deneb im Schwan und Atair im Adler. Im Bereich dieser Sternbilder lässt sich vom deutschen Sprachraum aus die Milchstraße am besten beobachten. Um das diffuse Band zu erkennen, muss es ganz dunkel geworden sein, und der Mond darf nicht am Himmel stehen, weil er sonst alles überstrahlt. Außerdem sollten sich die Augen bereits an die Dunkelheit gewöhnt haben.

Die Sichtbarkeit der Planeten

2010

Venus steht in der Abenddämmerung am Westhimmel.
Mars ist faktisch unbeobachtbar.
Jupiter in den Fischen steht gegen Ende der Nacht am Südosthimmel.
Saturn steht in der Abenddämmerung tief am Westhimmel und ist nur noch zu Beginn des Monats zu sehen.

2011

Venus ist unbeobachtbar.
Mars ist faktisch unbeobachtbar.
Jupiter im Widder geht um Mitternacht im Osten auf und steht in der Morgendämmerung am Osthimmel in mittlerer Höhe.
Saturn ist in den ersten Tagen des Monats noch in der Abenddämmerung am Westhimmel zu sehen.

Großer Horizontmond

Kurz nach seinem Aufgang sieht der Mond deutlich größer aus, als wenn er hoch am Himmel steht, besonders im Vergleich zu einem Haus oder Baum. Ein ganz ähnlicher Eindruck entsteht beim untergehenden Mond. In Wirklichkeit ist unser Trabant jedoch immer gleich groß, das Phänomen spielt sich lediglich als optische Täuschung in unseren Köpfen ab.

2012

Venus ist unbeobachtbar.
Mars steht in der Abenddämmerung bereits tief am Westhimmel und ist nur noch unter Schwierigkeiten zu finden.
Jupiter ist von Mitte des Monats an in der Morgendämmerung am Osthimmel zu sehen.
Saturn in der Jungfrau steht in der Abenddämmerung bereits tief im Südwesten und geht in den Stunden um Mitternacht unter.

2013

Venus ist unbeobachtbar.
Mars ist unbeobachtbar.
Jupiter ist unbeobachtbar.
Saturn ist in der Abenddämmerung noch am Westhimmel zu sehen und geht nach Mitternacht unter.

2014

Venus ist unbeobachtbar.
Mars steht am Abendhimmel tief im Südwesten in der Jungfrau und geht bald nach Mitternacht unter.
Jupiter ist unbeobachtbar.
Saturn in der Waage steht in der Abenddämmerung im Südwesten und geht nach Mitternacht unter.

2015

Venus ist unbeobachtbar.
Mars ist unbeobachtbar.
Jupiter ist unbeobachtbar.
Saturn in der Waage steht in der Abenddämmerung im Südwesten und geht in der zweiten Nachthälfte unter.

15. Juli 2012:
Planet Jupiter verschwindet morgens hinter dem Mond.

2016

Venus ist unbeobachtbar.
Mars steht in der Waage und zieht sich aus der zweiten Nachthälfte zurück.
Jupiter ist faktisch nicht beobachtbar.
Saturn im Schlangenträger geht in der zweiten Nachthälfte unter.

2017

Venus steht in der Morgendämmerung tief im Osten.
Mars ist unbeobachtbar.
Jupiter in der Jungfrau steht abends schon tief im Westen.
Saturn im Schlangenträger ist fast die ganze Nacht zu sehen.

2018

Venus steht nach Sonnenuntergang tief im Westen.
Mars im Steinbock ist die ganze Nacht zu sehen.
Jupiter in der Waage steht abends schon tief im Südwesten und geht gegen Mitternacht unter.
Saturn im Schütze ist fast die ganze Nacht zu sehen.

2019

Venus ist unbeobachtbar.
Mars ist unbeobachtbar.
Jupiter im Schlangenträger geht in der zweiten Nachthälfte unter.
Saturn im Schütze ist fast die ganze Nacht zu sehen.

Zenit

Deneb

Kleiner
Wagen

Großer
Wagen

Polarstern

Kassiopeia

Kapella

Norden

So findet man den Polarstern

Der Blick nach Norden veran-
schaulicht, warum die Sternbilder Großer Wagen und Kassiopeia auch als Gegengewichte
bezeichnet werden: Links im
Nordwesten steht der Große
Wagen auf seinem Weg Richtung Horizont, während rechts
im Nordosten die Kassiopeia
nach oben steigt. Drehpunkt
dieses himmlischen Balanceakts
ist der Polarstern, den man am
bequemsten mit Hilfe des Großen Wagens finden kann. Dazu
muss man den Abstand der hinteren beiden Kastensterne um
das Fünffache schräg nach
rechts oben verlängern.
Tief am Nordhorizont funkelt
im Dunst der helle Stern Kapella.
Um ihn zu sehen, bedarf es jedoch einer guten Horizontsicht.

Vollmond und Neumond

2010		2011		2012		2013		2014	
24.	10.	13.	29.	2. 31.	17.	21.	6.	10.	25.
2015		2016		2017		2018		2019	
29.	14.	18.	2.	7.	21.	26.	11.	15.	1. 30.

Sterne, die vom Himmel fallen: Mitte August kann man besonders viele Sternschnuppen sehen.

Die Highlights des Monats

Wünsch dir was

Im August leuchten in den Tagen **zwischen dem 10. und 14.** auffällig viele Sternschnuppen auf. Die sogenannten Perseiden (benannt nach dem Sternbild Perseus, aus dem sie zu kommen scheinen) huschen wie fallende Sterne über den Himmel. In Wirklichkeit handelt es sich um Staubkörner, die aus dem Weltraum in die Erdatmosphäre eindringen und dort verglühen. Dieses Verglühen, das meistens nur Bruchteile von Sekunden dauert, ist die eigentliche Sternschnuppe, auch Meteor genannt. Immer Mitte August wandert die Erde auf ihrer Bahn um die Sonne durch einen Bereich, wo es besonders viel Staub im Weltraum gibt. Deshalb kann man dann besonders viele Sternschnuppen sehen. Oft sind sie nur so hell wie die schwächeren Sterne, aber manchmal leuchten Sternschnuppen auch so hell wie Jupiter oder Venus. Der Zeitpunkt des Perseiden-Maximums ändert sich von Jahr zu Jahr etwas, liegt aber immer im genannten Zeitraum. Tendenziell kann man in der zweiten Nachthälfte mehr Perseiden sehen. Der Volksmund sagt übrigens, dass jeder, der zufällig eine Sternschnuppe sieht, einen Wunsch frei hat.

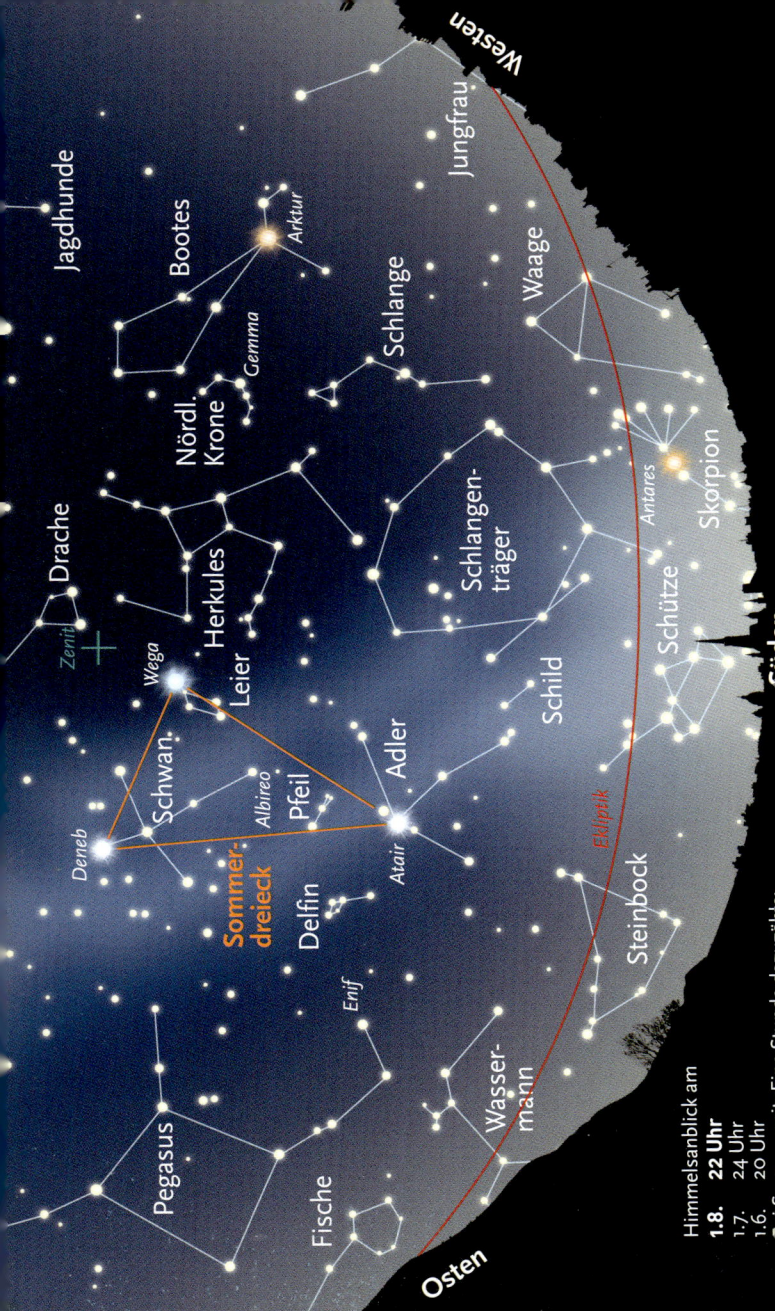

Der Sternenhimmel

Im August gibt es jedes Jahr viele Sternschnuppen zu sehen. Die so genannten Perseiden treten besonders häufig zwischen dem 10. und 14. des Monats auf. Sternschnuppen leuchten meist nur einen kurzen Moment auf und verlöschen schnell. Wenn man Glück hat, kann man zufällig ein besonders helles Exemplar beobachten, das sogar eine nachglimmende Rauchspur erzeugt.

Sommer total

Doch der August bietet nicht nur Sternschnuppen, sondern auch andere auffällige Objekte. Hoch im Süden steht nun das Sommerdreieck, dessen Ecken durch Wega in der Leier, Deneb im Schwan und Atair im Adler markiert werden. In der Abenddämmerung gehört das Sommerdreieck zu den ersten Sternfiguren, die am Himmel sichtbar werden. Ungefähr im Schwerpunkt des Sommerdreiecks liegt ein Stern mittlerer Helligkeit, der Albireo heißt und zum Schwan gehört. Albireo markiert den Kopf des Schwans, während Deneb am anderen Ende die Schwanzfedern symbolisiert. Quer zu dieser Sternkette verläuft in der Nähe von Deneb eine zweite Sternkette, die die ausgebreiteten Schwingen des Vogels markiert. Der Schwan fliegt in Richtung Horizont. Rechts des Schwans liegt die Leier, ein kleines Sternbild, das nur wegen der Wega so auffällig ist. Den Leierkasten bilden vier schwache Sterne, die in einem Parallelogramm angeordnet sind.

Das Sternbild Adler am dritten Eckpunkt des Sommerdreiecks ist keine sehr markante Figur. Atair steht an der Brust des Adlers, während die Kette aus schwachen Sternen nach schräg rechts unten den Rumpf und Schwanz markiert. Die senkrecht zu dieser Linie verlaufende Sternkette, die durch Atair geht, ist ebenfalls nur ansatzweise zu erkennen.

Klein, aber oho

Dafür steht links oberhalb von Atair ein Sternbild, das recht gut zu sehen ist, obwohl es nur schwächere Sterne enthält und keine große Ausdehnung hat: der Delfin. Die Raute aus vier Sternen bildet den Körper des Meeressäugers, der darunter stehende, fünfte Stern markiert die Schwanzflosse.

Im August ist die Milchstraße im Bereich der Sternbilder Schwan und Adler besonders gut zu sehen, weil sie hoch am Himmel steht. Das schwache Lichtband erfordert einen dunklen Himmel, damit es sofort auffällt.

Die Sichtbarkeit der Planeten

2010

Venus ist unbeobachtbar.
Mars ist unbeobachtbar.
Jupiter in den Fischen ist in der zweiten Monatshälfte in der Abenddämmerung am Osthimmel zu sehen und steht in der Morgendämmerung am Südhimmel.
Saturn ist unbeobachtbar.

2011

Venus ist unbeobachtbar.
Mars steht in den Zwillingen und geht in der zweiten Nachthälfte im Osten auf.
Jupiter im Widder geht in der ersten Nachthälfte auf und steht in der Morgendämmerung im Südosten.

Wandernde Lichtpunkte

Häufig kann man helle Satelliten als Lichtpunkte am Dämmerungshimmel entlang ziehen sehen – besonders in den Sommermonaten, wenn die Dämmerung lange dauert. Aber Vorsicht, manchmal sieht ein hoch fliegendes Flugzeug einem Satelliten zum verwechseln ähnlich. Auch die Internationale Raumstation ISS ist immer wieder als sich schnell bewegender Lichtpunkt zu erkennen. Sie kann heller werden als die Venus. Genaue Sichtbarkeiten kann man sich im Internet berechnen lassen: www.heavens-above.com.

Saturn ist faktisch unbeobachtbar.

2012

Venus steht als auffälliges Objekt in der Morgendämmerung am Osthimmel.
Mars ist unbeobachtbar.
Jupiter im Stier geht nach Mitternacht auf und steht morgens im Südosten.
Saturn ist zu Beginn des Monats kurz in der Abenddämmerung tief am Westhimmel zu sehen.

2013

Venus ist unbeobachtbar.
Mars in den Zwillingen steht in der Morgendämmerung tief im Nordosten.
Jupiter in den Zwillingen geht nach Mitternacht auf und wird gegen Ende des Monats in den Morgenstunden immer besser am Osthimmel sichtbar.
Saturn in der Jungfrau ist zu Beginn des Monats noch in der Abenddämmerung sehr tief am Westhimmel zu sehen.

2014

Venus ist faktisch unbeobachtbar.
Mars ist faktisch unbeobachtbar.
Jupiter ist unbeobachtbar.
Saturn steht in der Abenddämmerung bereits tief im Südwesten.

2015

Venus ist unbeobachtbar.
Mars ist unbeobachtbar.
Jupiter ist unbeobachtbar.
Saturn steht in der Abenddämmerung tief im Südwesten.

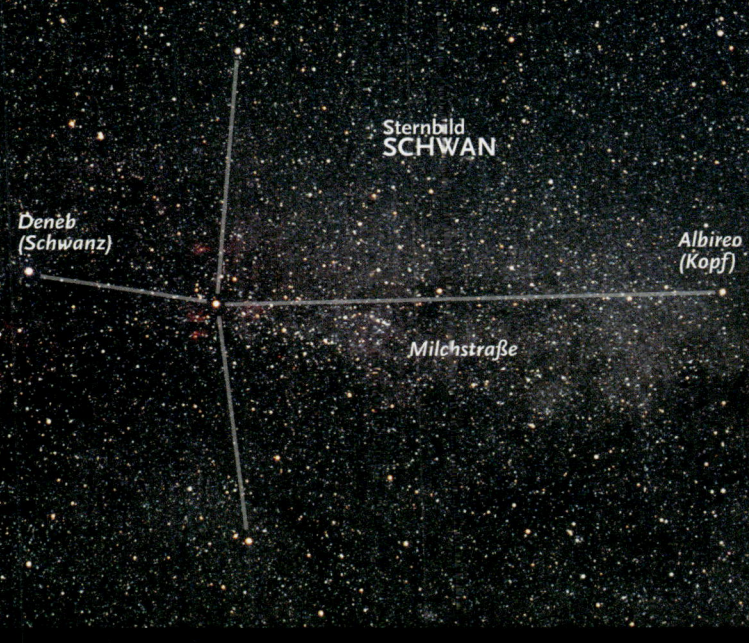

Flug in der Milchstraße:
Das Sternbild Schwan ist in den Sommermonaten gut zu sehen.

2016
Venus ist unbeobachtbar.
Mars im Skorpion steht nach Dämmerungsende schon tief im Südwesten.
Jupiter ist unbeobachtbar.
Saturn im Schlangenträger steht in der Abenddämmerung im Südwesten und geht um Mitternacht unter.

2017
Venus steht in der Morgendämmerung im Osten.
Mars ist unbeobachtbar.
Jupiter ist faktisch unbeobachtbar.
Saturn im Schlangenträger ist in der ersten Nachthälfte zu sehen.

2018
Venus ist so gut wie unbeobachtbar.
Mars im Steinbock ist die ganze Nacht zu sehen.
Jupiter ist faktisch unbeobachtbar.
Saturn im Schütze steht abends tief im Süden und ist ungefähr bis Mitternacht zu sehen.

2019
Venus ist unbeobachtbar.
Mars ist unbeobachtbar.
Jupiter im Schlangenträger geht in der zweiten Nachthälfte unter.
Saturn im Schütze steht abends tief im Süden und geht in der zweiten Nachthälfte unter.

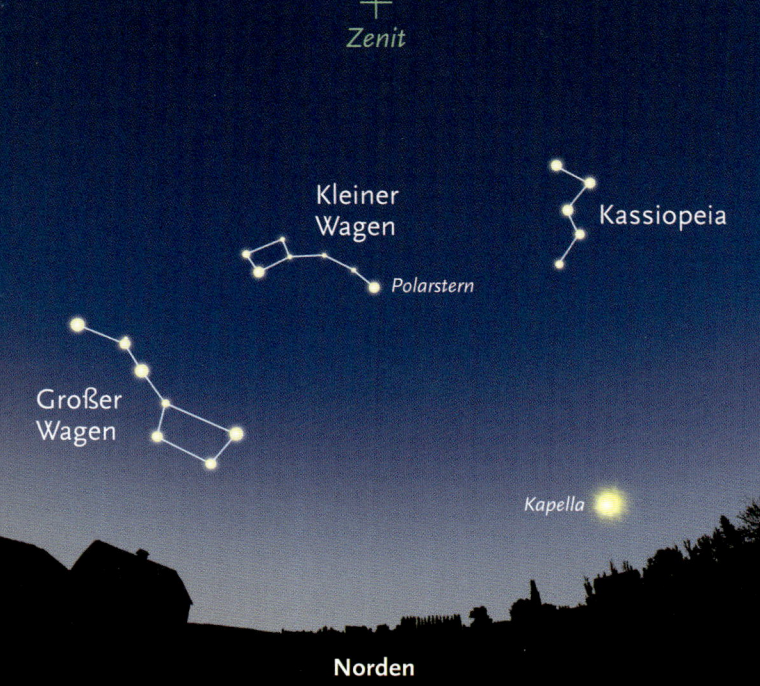

Zenit

Kleiner Wagen

Kassiopeia

Polarstern

Großer Wagen

Kapella

Norden

So findet man den Polarstern

Am Nordwesthimmel rollt der Große Wagen seiner tiefsten Stellung über dem Horizont entgegen. Die sieben Sterne der Figur stellen trotzdem noch ein markantes Sternbild dar, mit dem sich der Polarstern leicht finden lässt. Fasst man den Knick der Wagendeichsel als Pfeilrichtung auf, so muss man den Abstand der hinteren beiden Wagensterne fünfmal in diese Richtung verlängern. Rechts im Nordosten steigt die Kassiopeia in die Höhe. Das Sternbild liegt auf der Seite, so dass man den Kopf etwas neigen muss, um sich den Buchstaben W vorstellen zu können. Fast senkrecht unter der Kassiopeia stößt man auf die funkelnde Kapella, den hellsten Stern des Fuhrmanns.

Vollmond und Neumond									
2010		2011		2012		2013		2014	
23.	8.	12.	27.	30.	16.	19.	5.	9.	24.
2015		2016		2017		2018		2019	
28.	13.	16.	1.	6.	20.	25.	9.	14.	28.

Mond-
finsternis

Südwest

28. September 2015:
Am Südwesthimmel findet eine totale Mondfinsternis statt.

Die Highlights des Monats

Totale Mondfinsternis

In der Nacht **vom 27. auf den 28. September 2015** ereignet sich eine totale Mondfinsternis. Unser Trabant wandert gegen 3.15 Uhr Sommerzeit langsam in den Erdschatten: Die Mondscheibe wird vom linken oberen Rand her „angeknabbert", bis sie rund eine Stunde später vollständig verfinstert ist. Der Mond steht dabei am Südwesthimmel. Mit Beginn der Morgendämmerung, nach 5.15 Uhr Sommerzeit, verlässt unser Trabant wieder langsam den Erdschatten: Die Mondscheibe hellt sich vom linken oberen Rand her nach und nach auf. Das Ende der Verfins-

terung lässt sich vom deutschen Sprachraum aus gerade noch in der schnell fortschreitenden Dämmerung beobachten. Auffällig ist die Finsternis in diesem Stadium aber nicht mehr.

Lichter der Stadt

Künstliche Lichtquellen schaden der Pracht des Sternhimmels. Je heller die Umgebung erleuchtet ist, desto weniger Sterne sieht man. In den Bergen oder in dünn besiedelten Regionen steigt die Zahl der Sterne dagegen auf einige Tausend.

Der Sternenhimmel

Im September dominiert noch immer das Sommerdreieck aus Wega, Deneb und Atair den Himmelsanblick in Richtung Süden. Nur die Verlagerung der Sternbilder Schwan, Leier und Adler nach Südwesten zeigt an, dass die Sommersternbilder langsam den Herbststernbildern Platz machen müssen. Aber noch steht Deneb am Ende des Schwans fast senkrecht über unseren Köpfen.

Zwei helle Sterne

Zieht man von ihm in Gedanken eine senkrechte Linie bis herunter zum Westhorizont, kommt man an den wichtigsten Sternbildern vorbei, die in den vergangenen Monaten den Anblick des Himmels prägten: Leier, Herkules, Nördliche Krone und Bootes. Leier und Herkules liegen quasi auf der Seite; der Bootes mit Arktur geht

bald unter. Durch seine Horizontnähe kann der rötlich leuchtende Stern bereits schwächer als die hoch am Himmel stehende weiß strahlende Wega in der Leier erscheinen. Tatsächlich sind diese beiden Sterne aber fast gleich hell.

Blickt man nach Süden, stößt man unterhalb des Schwans nur auf unscheinbare Sternbilder. Am markantesten ist noch der Delfin, links des Sternbilds Adler, dessen dicht zusammenstehende Sterne eine Raute bilden.

Links vom Delfin, also in Richtung Osten, stößt man auf ein ausgedehntes Sternbild, von dem aber nur ein Teil mit helleren Sternen besetzt ist: Beim Pegasus handelt es sich in der griechischen Mythologie um ein geflügeltes Pferd, das ein Nachkomme des Meeresgottes Poseidon und der Gorgone Medusa ist – jenes Wesen, das der

Held Perseus tötete. Pegasus wohnte bei den Göttern und trug den Blitz und Donner des Zeus.

Die Überlieferungen über Pegasus' Geburt variieren sehr: In einer Version ist Pegasus dem Nacken der Medusa entsprungen, als diese von Perseus geköpft wurde. Nach einer anderen Version ging der Pegasus aus der Erde hervor, auf die Medusas Blut getropft ist. Pegasus gilt aber auch als geflügeltes Pferd der Dichter und Denker, das jene zu ihrer Arbeit inspiriert.

Vorzeichen des Herbstes

Noch weiter links (östlich) stehen die Sternbilder Andromeda, Dreieck und Widder – Vorboten des nahenden Herbstes. Der September ist auch der letzte Monat, in dem die hellen Partien der Sommermilchstraße gut zu sehen sind.

September

Die Sichtbarkeit der Planeten

2010
Venus ist unbeobachtbar.
Mars ist unbeobachtbar.
Jupiter in den Fischen steht abends am Südosthimmel und morgens am Südwesthimmel.
Saturn ist unbeobachtbar.

2011
Venus ist unbeobachtbar.
Mars in den Zwillingen geht nach Mitternacht auf und steht in der Morgendämmerung hoch am Osthimmel.
Jupiter im Widder geht in den späteren Abendstunden im Osten auf und steht morgens hoch im Süden.
Saturn ist unbeobachtbar.

2012
Venus steht als helles Objekt in der Morgendämmerung am Osthimmel.
Mars ist unbeobachtbar.
Jupiter im Stier geht vor Mitternacht im Osten auf und steht morgens am Südosthimmel.
Saturn ist unbeobachtbar.

2013
Venus ist unbeobachtbar.
Mars im Krebs geht kurz vor der Morgendämmerung im Osten auf.
Jupiter in den Zwillingen geht um Mitternacht auf und steht in der Morgendämmerung hoch im Südosten.
Saturn ist faktisch unbeobachtbar.

2014
Venus ist unbeobachtbar.
Mars ist unbeobachtbar.
Jupiter im Krebs steht in der Morgendämmerung im Osten.
Saturn ist unbeobachtbar.

2015
Venus ist nur schwer in der Morgendämmerung am Osthimmel zu sehen.
Mars steht in der Morgendämmerung tief am Osthimmel.
Jupiter ist unbeobachtbar.
Saturn steht in der Abenddämmerung tief im Südwesten.

Mehr sehen

Mit dem bloßen Auge kann man bereits viel am Sternhimmel erkennen, aber mit einem Fernglas noch mehr. Man sieht damit nicht nur schwächere Sterne besser, sondern auch Krater auf dem Mond sowie Objekte wie die Plejaden (S. 11), den Orion-Nebel (S. 17) oder die hellsten Monde des Planeten Jupiter. Jedes Fernglas trägt eine Bezeichnung der Art „8 × 30“ oder „7 × 50“, die etwas über seine optische Leistung aussagt. Die erste Angabe (8 × bzw. 7 ×) gibt die Vergrößerung an, die zweite (30 bzw. 50) den Durchmesser der Frontlinse in Millimetern. Je größer die Frontlinse, desto schwächere Sterne sind mit dem Fernglas zu erkennen. Feldstecher mit deutlich weniger als 30 Millimeter Frontlinsendurchmesser eignen sich nur eingeschränkt für die Sternbeobachtung.

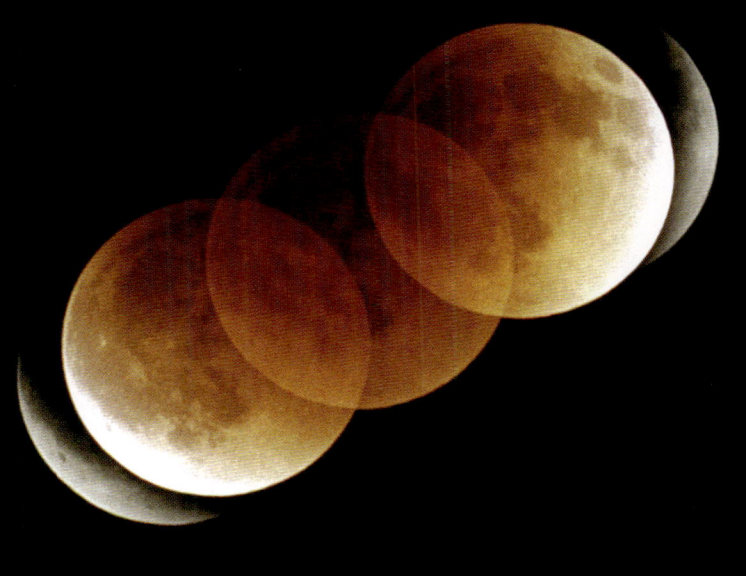

Wanderung durch den Erdschatten:
Fotomontage des Ablaufs einer totalen Mondfinsternis.

2016

Venus ist unbeobachtbar.
Mars steht bei Einbruch der
Dunkelheit tief im Südwesten
und geht bald unter.
Jupiter ist unbeobachtbar.
Saturn ist quasi unbeobachtbar.

2017

Venus steht in der Morgen-
dämmerung als strahlender
Morgenstern im Osten.
Mars ist unbeobachtbar.
Jupiter ist unbeobachtbar.
Saturn im Schlangenträger ist
vor Mitternacht zu sehen.

2018

Venus ist unbeobachtbar.
Mars im Steinbock geht gegen
Morgen unter.
Jupiter ist faktisch unbeobacht-
bar.
Saturn im Schütze geht in der
ersten Nachthälfte unter.

2019

Venus ist unbeobachtbar.
Mars ist unbeobachtbar.
Jupiter geht kurz nach Ende
der Abenddämmerung unter.
Saturn im Schütze geht um
Mitternacht unter.

Zenit

Kassiopeia

Kleiner
Wagen

Polarstern

Kapella

Großer
Wagen

Norden

So findet man den Polarstern

Der Große Wagen rollt gemäch-
lich am Nordhorizont entlang –
so sieht es zumindest aus, wenn
man das Sternbild am Himmel
sieht. Es bedarf nun einer freien
Sicht nach Norden, um das
Sternbild überhaupt noch vollständig überblicken zu können.
Um den Polarstern zu finden,
muss man den hinteren Abstand
der beiden Kastensterne einfach
senkrecht nach oben um das
Fünffache verlängern.

Wem der Blick auf den Großen
Wagen versperrt ist, kann auch
das Sternbild Kassiopeia nutzen,
um den Polarstern zu finden.
Die Spitze in der Mitte des Himmels-Ws zeigt ungefähr auf den
Polarstern.
Im Nordosten steigt derweil die
helle Kapella empor.

Vollmond und Neumond									
2010		2011		2012		2013		2014	
23.	7.	12.	26.	29.	15.	19.	5.	8.	23.
2015		2016		2017		2018		2019	
27.	13.	16.	1. 30.	5.	19.	24.	9.	13.	28.

Jupiter
Venus
Mars

Planetentrio Ende Oktober 2015:
Vom 24.10. – 3.11.2015 zieht Venus an Jupiter und Mars vorbei.

Die Highlights des Monats

Planetentanz

Im **Oktober 2015** stehen die Planeten Venus, Jupiter und Mars vor Dämmerungsbeginn gemeinsam am morgendlichen Osthimmel. Dass sich die Planeten und der Mond unterschiedlich schnell vor dem Hintergrund der Sterne bewegen, lässt sich in dieser Zeit sehr schön verfolgen. Zunächst wandert zwischen dem 8. und 10. Oktober die schmale Sichel des abnehmenden Mondes an Venus, Mars und Jupiter vorbei. Die Venus steht dabei in der Nähe des hellen Sterns Regulus im Löwen. In den folgenden Tagen wandern Venus und Mars auf den Jupiter zu, was dazu führt, dass der Mars am 18. Oktober den Jupiter „überholt" und dabei sehr nahe an ihm vorbeizieht. Acht Tage später, am 26. Oktober, überholt die Venus den Jupiter, um dann schließlich am 3. November auch noch an Mars vorbeizuziehen. Venus steht dabei ähnlich nah bei Mars wie Jupiter rund zwei Wochen zuvor. Am 6. und 7. November gesellt sich dann wieder der Mond dazu. Am 7. November bildet er mit Mars und Venus ein markantes Dreieck; Jupiter steht dann etwas abseits.

Oktober

Nördl. Krone

Herkules

Schlangen-träger

Schild

Schütze

Adler

Leier

Wega

Schwan

Albireo

Pfeil

Atair

Steinbock

Deneb

Delfin

Südlicher Fisch

Kassiopeia

Enif

Pegasus

Wassermann

Z_{en}

Andromeda

Herbst-viereck

Fomalhaut

Widder

Dreieck

Fische

Walfisch

Hamal

Perseus

Plejaden

Stier

Ekliptik

Westen

Osten

Himmelsanblick am
1.11.   20 Uhr
1.10.   22 Uhr
1.9.   24 Uhr

Der Sternenhimmel

Schaut man im Oktober nach Süden, hat sich der Wechsel des Himmelsanblicks von den Sommer- zu den Herbststernbildern endgültig vollzogen. Rechts, in Richtung Westen, beherrscht das Sommerdreieck mit den Sternbildern Leier, Schwan und Adler die Szenerie. Noch weiter Richtung Westhorizont stehen das ausgedehnte Sternbild Herkules und die kleine Nördliche Krone.

Die unteren Bereiche des Südostens, Südens und Südwestens bevölkern fast ausschließlich Sternbilder mit relativ schwachen Sternen. Die einzige Ausnahme bildet der hell funkelnde Stern Fomalhaut im unscheinbaren Sternbild Südlicher Fisch, das tief über dem Südhorizont steht. Fomalhaut hat eine ähnliche Helligkeit wie Deneb im Schwan; beide Sterne leuchten weißlich.

Die Nüstern des Pferdes

Das geflügelte Pferd Pegasus ist nun mit seinem Kopf bereits an den Südhimmel vorgerückt. Das Pegasus-Quadrat bildet den Rumpf des geflügelten Tiers, während der einzelne, hellere Stern, rechter Hand am Ende der weitläufigen Sternkette, den Kopf markiert. Dieser Stern heißt Enif, was sich aus dem arabischen Begriff für „Nase" ableitet. Das Pegasus-Viereck wird auch als Herbstviereck bezeichnet, weil es in den Abendstunden am Herbsthimmel zu sehen ist. Der Name ergibt sich in Anlehnung an die Begriffe Wintersechseck, Frühlings- und Sommerdreieck: So schmückt den Abendhimmel während jeder Jahreszeit eine charakteristische Sternfigur, die eigentlich kein Sternbild ist. An die obere linke Ecke des Pegasus-Vierecks schließt sich nahtlos das Stern-

bild Andromeda an. Die Sternkette der Andromeda besteht aus zwei Sternen, die eine ähnliche Helligkeit haben wie der Eckstern des Pegasus-Vierecks sowie aus einem weiteren, schwächeren Stern.

Helle Sterne tief im Osten

Folgt man mit den Augen dem Schwung der Andromeda, trifft man auf das Sternbild Perseus, das aus zwei Ketten schwächerer Sterne besteht (am oberen Kartenrand). Verlängert man in Gedanken den Bogen der Andromeda nach links über die Perseus hinaus, trifft man auf Kapella im Fuhrmann (s. Nordkarte S. 62), bei der es sich um einen der hellsten Sterne des Nordhimmels handelt. Unterhalb des Perseus funkelt in Horizontnähe bereits der rötliche Aldebaran im Sternbild Stier.

Die Sichtbarkeit der Planeten

2010
Venus ist unbeobachtbar.
Mars ist unbeobachtbar.
Jupiter in den Fischen steht abends im Südosten und geht in der zweiten Nachthälfte unter.
Saturn ist gegen Ende des Monats tief am morgendlichen Osthimmel zu sehen.

2011
Venus ist unbeobachtbar.
Mars im Krebs geht nach Mitternacht auf und steht in der Morgendämmerung am Osthimmel.
Jupiter im Widder ist die ganze Nacht über zu sehen.
Saturn ist unbeobachtbar.

2012
Venus steht als helles Objekt in der Morgendämmerung am Osthimmel.
Mars ist unbeobachtbar.
Jupiter im Stier ist die ganze Nacht über zu sehen. Abends steht er am Ost-, morgens am Südwesthimmel.
Saturn ist unbeobachtbar.

2013
Venus ist unbeobachtbar.
Mars im Löwen geht in der zweiten Nachthälfte auf und steht morgens tief am Osthimmel.
Jupiter in den Zwillingen geht nach Mitternacht im Osten auf und steht in der Morgendämmerung im Süden.
Saturn ist unbeobachtbar.

2014
Venus ist unbeobachtbar.
Mars ist unbeobachtbar.
Jupiter im Grenzgebiet Löwe/Krebs geht nach Mitternacht auf und steht in der Morgendämmerung im Südosten.
Saturn ist unbeobachtbar.

2015
Venus steht als auffälliges Objekt in der Morgendämmerung am Osthimmel.
Mars im Löwen geht in der zweiten Nachthälfte auf und steht in der Morgendämmerung am Osthimmel.
Jupiter im Löwen ist gegen morgen am Osthimmel zu sehen.
Saturn ist unbeobachtbar.

Regenbogenmond

Besonders in den Herbstmonaten können um den Mond mehr oder minder farbige „Scheiben" auftreten (Innenrand: blauweiß, Außenrand: rotbraun). Diese sogenannten Höfe entstehen durch Wassertröpfchen in der irdischen Lufthülle. Auch um die Sonne können solche Höfe auftreten, allerdings fallen sie wegen der blendenden Helligkeit der Sonne weniger auf.
Dagegen sind Halos um die Sonne leichter zu sehen, als um den Mond. In ihrer häufigsten Form bilden sie einen großen farblosen Ring, dessen Radius ungefähr dem Abstand vom Daumen zum kleinen Finger an der gespreizten Hand bei ausgestrecktem Arm entspricht.

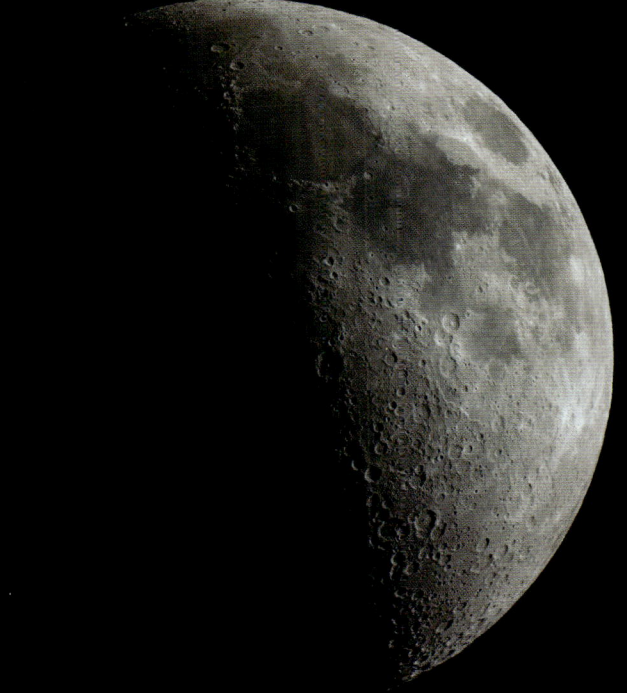

Große Kraterwelt: Der Mond ist das ideale Beobachtungs-
objekt für Fernglas und Fernrohr.

2016
Venus ist unbeobachtbar.
Mars im Schützen steht abends
tief im Südwesten.
Jupiter in der Jungfrau steht in
der Morgendämmerung sehr
tief im Osten.
Saturn ist unbeobachtbar.

2017
Venus ist so gut wie unbeo-
bachtbar.
Mars ist so gut wie unbeo-
bachtbar.
Jupiter ist unbeobachtbar.
Saturn ist so gut wie unbeo-
bachtbar.

2018
Venus ist unbeobachtbar.
Mars im Steinbock geht nach
Mitternacht unter.
Jupiter ist unbeobachtbar.
Saturn im Schütze steht in der
Abenddämmerung im Süd-
westen.

2019
Venus ist unbeobachtbar.
Mars ist unbeobachtbar.
Jupiter im Schlangenträger
geht kurz nach Ende der Abend-
dämmerung unter.
Saturn im Schütze geht vor
Mitternacht unter.

Zenit

Kassiopeia

Kapella

Polarstern

Kleiner
Wagen

Großer
Wagen

Norden

So findet man den Polarstern

Die sieben Sterne des Großen Wagens stehen noch immer tief am Nordhimmel. Wer eine freie Sicht auf den Horizont hat, kann damit weiterhin den Polarstern finden. Die fünffache Verlängerung des Abstands der hinteren beiden Kastensterne führt zum Ziel.

Ist der Große Wagen durch Gebäude oder Bäume verdeckt, so verwendet man das Sternbild Kassiopeia als Aufsuchhilfe. Legt man den Kopf in den Nacken, sieht man die aus fünf Sternen bestehende Zickzacklinie des Himmels-Ws, das nun wie der Buchstabe M aussieht. Fasst man den mittleren Stern der Kassiopeia als Pfeilspitze auf, so trifft man auf dem Weg zum Horizont den Polarstern.

Vollmond und Neumond

2010		2011		2012		2013		2014	
21.	6.	10.	25.	28.	13.	17.	3.	6.	22.
2015		**2016**		**2017**		**2018**		**2019**	
25.	11.	14.	29.	4.	18.	23.	7.	12.	26.

Jupiter ◦ ☽ Mond 6.11.
Mars ◦
Venus ☼☽ Mond 7.11.

Südost

Vier Himmelskörper treffen sich: Mondposition am 6./7.11.2015 in Bezug zu den Planeten Jupiter, Mars und Venus.

Die Highlights des Monats

Planetenrennen

Anfang **November 2015** zieht die schmale Sichel des abnehmenden Mondes an Jupiter, Venus und Mars vorbei. Die hellen Gestirne sind in der Morgendämmerung Richtung Südosten zu sehen. Am 6. des Monats steht die Mondsichel noch oberhalb des Jupiters, während sie am 7. November ein kleines Dreieck mit Venus und Mars bildet. Dieses Vierertreffen ist nur der Höhepunkt der vergangenen zwei Wochen. Bereits während der letzten Oktobertage zieht die Venus am Planeten Jupiter vorbei (der geringste Abstand wird am 25. Oktober erreicht),

am 2. und 3. November steht die Venus dann nahe beim Planeten Mars.

In den folgenden Wochen entfernen sich die drei Planeten am Himmel voneinander. Anfang Dezember stattet ihnen die Sichel des abnehmenden Mondes nochmals einen Besuch ab: Am Morgen des 4. Dezember steht sie bei Jupiter und am 6. Dezember bei Mars. Unser Trabant überholt die schon recht tief im Südosten stehende Venus am Nachmittag des 7. Dezember. Venus, Mars und Jupiter markieren dabei den Verlauf der Bahn am Himmel, die alle Planeten beschreiben (die „Ekliptik").

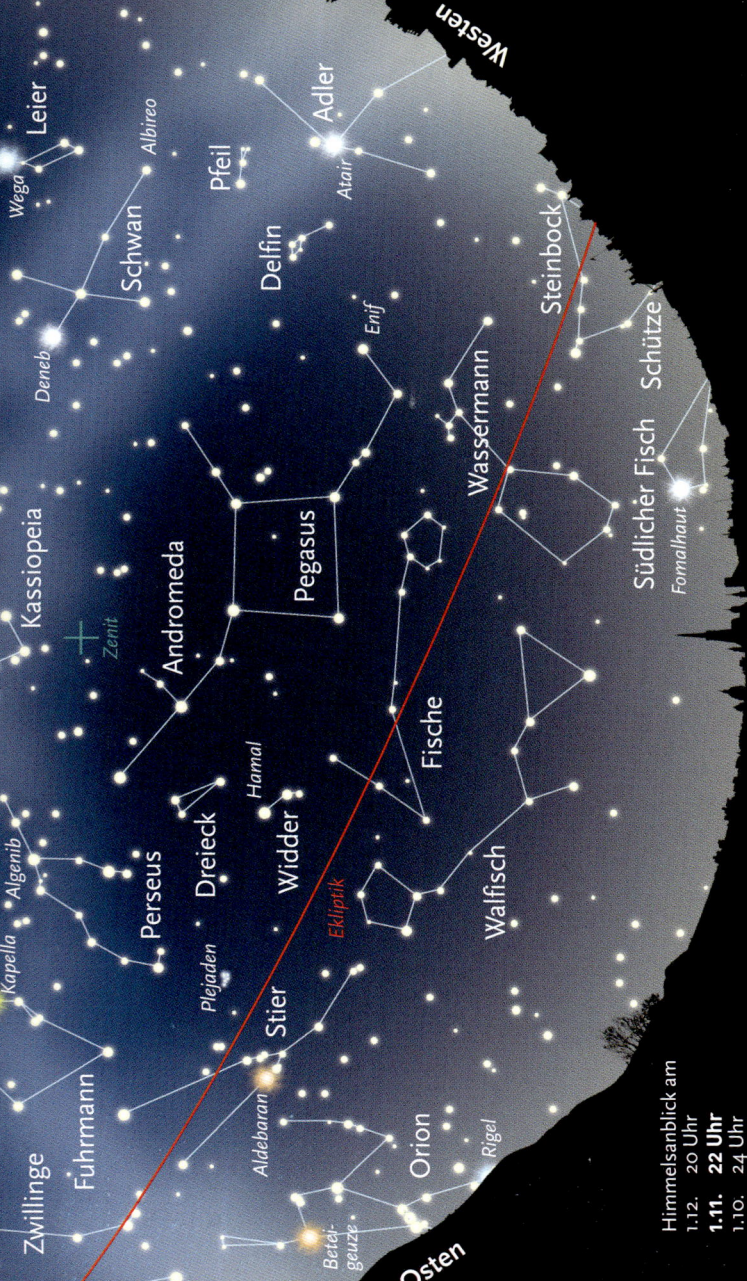

Westen

Leier
Wega
Schwan
Albireo
Deneb
Adler
Atair
Pfeil
Delfin
Enif
Steinbock
Schütze
Wassermann
Südlicher Fisch
Fomalhaut
Süden
Kassiopeia
Zenit
Andromeda
Pegasus
Fische
Hamal
Widder
Dreieck
Perseus
Stier
Aldebaran
Plejaden
Ekliptik
Walfisch
Rigel
Algenib
Kapella
Fuhrmann
Zwillinge
Beteigeuze
Orion
Osten

Himmelsanblick am
1.12.   20 Uhr
1.11.   22 Uhr
1.10.   24 Uhr

Der Sternenhimmel

Im November beherrschen die Herbst-sternbilder den Südhimmel. Andromeda und Pegasus-Viereck fallen sofort ins Auge. Links unterhalb der Andromeda sieht man zwei unscheinbare kleine Sternbilder, von denen die meisten Sterne recht schwach sind: das Dreieck, das vor allem wegen seiner Form auffällt, und den Widder, der mit Hamal zumindest einen helleren Stern besitzt. In der griechischen Mythologie hatte der Widder ein Fell aus reinem Gold (das „Goldene Vlies"), das der Held Jason suchte. Hamal leitet sich von dem arabischen Wort für „Schaf" ab.

Perseus – der Retter

Links neben Andromeda, Dreieck und Widder liegt der Perseus, der zwar aus helleren Sternen besteht, aber keine sehr einprägsame Form hat. Perseus und Andromeda gehören neben den Sternbildern Kepheus, Kassiopeia und Walfisch zur selben Sternsage in der griechischen Mythologie.

Kepheus war der König von Äthiopien. Seine Frau Kassiopeia hatte den Meeresgott Poseidon beleidigt, indem sie ihre Schönheit über die der Meerjungfrauen erhob. Dieser Frevel durfte nicht ungesühnt bleiben, und so schickte Poseidon ein Meeresungeheuer (das heutige Sternbild Walfisch) aus, das Äthiopien verwüsten sollte. Nur durch ein Jungfrauenopfer war es zu besänftigen. Schweren Herzens ließ Kepheus darauf hin seine Tochter Andromeda als Beute für das Meeresungeheuer an einen Felsen ketten.

Doch in letzter Minute eilte Perseus herbei. Er hatte auf seinen Reisen viele Heldentaten vollbracht und zuletzt der schrecklichen Gorgone Medusa den Kopf abgeschlagen. Perseus griff das Meeresungeheuer an: Es folgte ein erbitterter Kampf, und in höchster Not richtete Perseus den Kopf der Medusa auf das Ungeheuer, das augenblicklich zu Stein erstarrte. Das Happy End war perfekt: Der strahlende Held befreite Andromeda und nahm sie zur Frau.

Vorboten des Winters

Am Osthimmel unterhalb des Perseus stößt man bereits auf einige Wintersternbilder, die mit ihren vielen hellen Sternen die Aufmerksamkeit auf sich ziehen. Fuhrmann, Stier, Zwillinge und Orion sind schon gut zu sehen. Am Westhimmel hält sich dagegen noch das Sommerdreieck aus Wega, Deneb und Atair. Allerdings sind nur noch Schwan und Leier gut zu sehen, der Adler ist bereits in die horizontnahen Dunstschichten abgetaucht.

Die Sichtbarkeit der Planeten

2010

Venus ist unbeobachtbar.
Mars ist unbeobachtbar.
Jupiter im Grenzgebiet Fische/Wassermann steht in der Abenddämmerung im Südosten und geht nach Mitternacht im Südwesten unter.
Saturn in der Jungfrau geht in der zweiten Nachthälfte im Osten auf und steht dann in der Morgendämmerung im Südosten.

2011

Venus ist unbeobachtbar.
Mars im Löwe geht um Mitternacht auf und steht gegen Ende der Nacht hoch im Südosten.
Jupiter im Widder steht abends am Osthimmel und ist fast die ganze Nacht zu sehen.
Saturn in der Jungfrau taucht in der zweiten Monatshälfte morgens am Osthimmel auf.

2012

Venus steht in der Morgendämmerung am Osthimmel.
Mars ist unbeobachtbar.

Himmlische Leuchttürme

Nach Sonne und dem Mond ist der Planet Venus das hellste Gestirn am Himmel. Jupiter und Mars können immer noch heller werden als Sirius, der hellste Stern. Der Polarstern hat dagegen nur eine mittlere Helligkeit, steht aber an einer markanten Stelle des Himmels, weshalb man ihn leicht finden kann.

Jupiter im Stier ist die ganze Nacht über zu sehen – abends im Osten, morgens im Westen.
Saturn ist gegen Monatsende in der Morgendämmerung am Osthimmel zu sehen.

2013

Venus steht gegen Ende des Monats in der Abenddämmerung tief am Westhimmel.
Mars im Löwen geht nach Mitternacht auf und steht gegen Ende der Nacht im Osten in mittlerer Höhe.
Jupiter in den Zwillingen geht abends im Osten auf und steht morgens hoch am Himmel im Südwesten.
Saturn ist unbeobachtbar.

2014

Venus ist unbeobachtbar.
Mars ist tief am Westhimmel nur noch kurz nach dem Ende der Dämmerung zu sehen.
Jupiter im Löwen ist in der zweiten Nachthälfte zu sehen – zunächst am Osthimmel, morgens im Süden.
Saturn ist unbeobachtbar.

2015

Venus steht als auffälliges Objekt in der Morgendämmerung am Osthimmel.
Mars im Löwen geht in der zweiten Nachthälfte auf und steht während der Dämmerung in mittlerer Höhe am Osthimmel.
Jupiter im Löwen geht nach Mitternacht im Osten auf und steht morgens im Südosten.
Saturn ist unbeobachtbar.

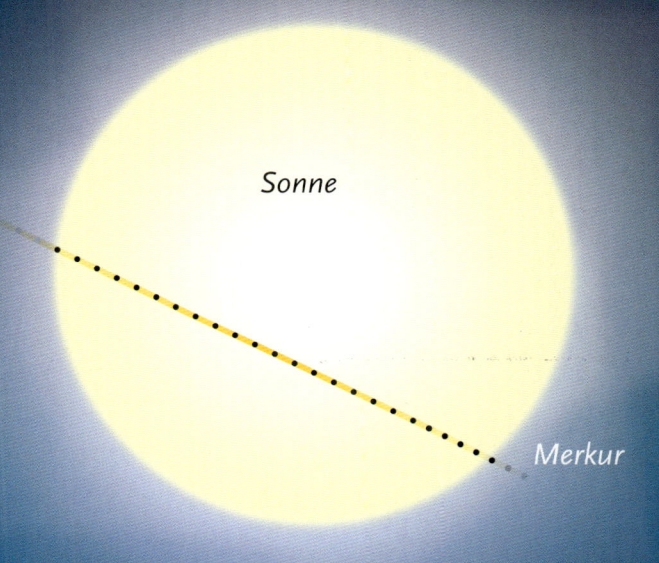

Sonne

Merkur

Merkurtransit: Am 11. November 2019 wandert Merkur
vor der Sonne vorbei (s. a. Seite 33)

(s. a. Seite 33)

2016

Venus steht nach Sonnenunter-
gang bereits tief im Südwesten
und ist daher nicht leicht zu
finden.
Mars im Steinbock steht in der
Abenddämmerung im Süd-
westen und geht in der ersten
Nachthälfte unter.
Jupiter in der Jungfrau steht in
der Morgendämmerung im
Osten.
Saturn ist unbeobachtbar.

2017

Venus ist so gut wie unbeo-
bachtbar.
Mars in der Jungfrau steht mor-
gens tief im Osten.
Jupiter ist unbeobachtbar.
Saturn ist unbeobachtbar.

2018

Venus ist gegen Morgen im
Südosten zunehmend besser zu
sehen.
Mars im Steinbock/Wasser-
mann geht um Mitternacht
unter.
Jupiter ist unbeobachtbar.
Saturn ist so gut wie unbeobachtbar.

2019

Venus ist unbeobachtbar.
Mars ist unbeobachtbar.
Jupiter steht sehr tief am westlichen Abendhimmel und ist so
gut wie unbeobachtbar.
Saturn im Schütze steht in der
Abenddämmerung tief im Südwesten und geht schon früh
unter.

November

73

So findet man den Polarstern

Der Große Wagen hat in den Abendstunden seine tiefste Stellung über dem Nordhorizont hinter sich gelassen. Trotzdem benötigt man noch immer freie Sicht zum Horizont, um ihn vollständig zu sehen. Blickt man im Dezember nach Norden, so befindet sich der Große Wagen rechts der exakten Nordrichtung. Das Sternbild steht auf dem En-

de seiner Deichsel und reckt den Wagenkasten nach oben.

Die beiden am höchsten stehenden Sterne des Wagenkastens weisen die Richtung zum Polarstern. Verlängert man ihren Abstand fünfmal schräg nach links oben, so trifft man auf ihn. Links unten knapp über dem Nordwesthorizont funkelt der helle Stern Wega.

Dezember

74

Vollmond und Neumond									
2010		2011		2012		2013		2014	
21.	5.	10.	24.	28.	13.	17.	3.	6.	22.
2015		2016		2017		2018		2019	
25.	11.	14.	29.	3.	18.	22.	7.	12.	26.

Anfang Dezember 2015: Im Lauf von fünf Tagen
wandert der Mond an Jupiter, Mars und Venus vorbei.

Die Highlights des Monats

Besuch durch den Mond

Anfang **Dezember 2015** wandert der Mond in der einsetzenden Morgendämmerung im Lauf von fünf Tagen an Jupiter, Mars und Venus vorbei. Seine Sichel wird dabei von Tag zu Tag schmaler. Die drei Planeten stehen im Südosten, Venus und Mars im Sternbild Jungfrau, Jupiter im Löwen. Am 3. Dezember stehen die drei Planeten und der abnehmende Mond aufgereiht wie an einer spärlich besetzten Perlenkette am Himmel. Am Morgen des 4. Dezember passiert unser Mond dann den Jupiter. Zwei Tage später, am 6. Dezember, zieht der Mond am roten Planeten Mars vorbei, bevor er vom 7. auf den 8. Dezember auch die Venus hinter sich lässt.

Bei guter Horizontsicht in Richtung Süden kann man unseren Trabanten und die drei Planeten am 9. Dezember in der fortgeschrittenen Morgendämmerung wieder wie an der Perlenkette aufgereiht sehen – nur dass der Mond diesmal nicht am höchsten, sondern am niedrigsten über dem Horizont steht. Der Mond zeigt dann nur noch eine sehr schmale Sichel, da am 11. Dezember Neumond eintritt.

Der Sternenhimmel

Im Dezember kann man in der ersten Nachthälfte bereits alle Wintersternbilder sehen. Blickt man nach Süden, so stehen sie links am Südost- und Osthimmel. Im Südosten in mittlerer Höhe fällt eine Figur aus sieben hellen Sternen auf: der Himmelsjäger Orion. Die beiden Sterne oben links (Beteigeuze) und unten rechts (Rigel) in diesem Sternbild gehören zu den hellsten, die man überhaupt am Himmel sehen kann.

Vom Orion zum Stier

Oberhalb des Orions liegen das Sternbild Stier mit dem hellen, rötlich leuchtenden Stern Aldebaran und der Fuhrmann mit dem hellen, gelblich leuchtenden Stern Kapella. Zwischen Fuhrmann und Osthorizont stößt man auf zwei parallel zueinander verlaufende Sternketten, die das Stern-

bild Zwillinge formen, und an deren linken Enden zwei hellere Sterne (Kastor und Pollux) stehen. Noch näher am Horizont befindet sich der Kleine Hund, eine Figur aus lediglich zwei Sternen: dem hellen Prokyon und einem schwächeren Stern daneben. Blickt man nach Osten, leuchtet rechts unterhalb des Kleinen Hundes und links unterhalb des Orions ein einsamer Lichtpunkt im Horizontdunst: der Sirius. Er gehört zum Sternbild Großer Hund, das zum größten Teil noch nicht aufgegangen ist.

Blickt man wieder nach Süden und legt den Kopf in den Nacken, sieht man fast senkrecht über sich die Sternbilder Perseus und Andromeda. Die einzelnen Sterne des Perseus bilden keine sehr markante Figur, aber die Andromeda besteht aus einer langen Kette von drei mittelhellen und ei-

nem schwächeren Stern. Schaut man zur Andromeda hoch, schließt sich an dieses Sternbild rechts der Pegasus an, dessen markanter Teil aus einem Viereck besteht. Der rechte Stern in der Kette der Andromeda bildet gleichzeitig den linken, oberen Eckstern des Pegasus-Vierecks.

Unscheinbarer Süden

Unterhalb der Andromeda fällt noch der Stern Hamal im Widder auf, der zusammen mit ein paar Nachbarsternen die Konturen dieses Sternbildes markiert. Der restliche Himmelsbereich bis zum Südhorizont beherbergt zwar ausgedehnte, aber wenig auffällige Sternbilder. Tief am Westhimmel sind schließlich noch Sommersternbilder zu sehen, deren hellere Sterne auch noch in diesen geringen Höhen über dem Horizont ins Auge fallen.

Dezember

Die Sichtbarkeit der Planeten

2010
Venus steht in der Morgen-dämmerung am Osthimmel.
Mars ist unbeobachtbar.
Jupiter in den Fischen steht abends im Süden und geht nach Mitternacht unter.
Saturn in der Jungfrau geht in den Stunden nach Mitternacht auf und steht in der Morgen-dämmerung im Südosten.

2011
Venus ist unbeobachtbar.
Mars im Löwen geht vor Mitter-nacht auf und steht in der Morgendämmerung hoch im Süden.
Jupiter in den Fischen steht in der Abenddämmerung im Süd-osten und geht erst morgens unter.
Saturn in der Jungfrau geht in der zweiten Nachthälfte auf und steht in der Morgendämmerung im Südosten.

2012
Venus steht in der Morgen-dämmerung am Osthimmel.
Mars ist unbeobachtbar.

Jupiter im Stier ist die ganze Nacht sichtbar – abends im Osten, morgens im Westen.
Saturn in der Waage geht in der zweiten Nachthälfte im Osten auf und steht in der Mor-gendämmerung im Südosten.

2013
Venus steht nach Sonnenunter-gang tief am Westhimmel.
Mars in der Jungfrau geht nach Mitternacht auf und steht in der Morgendämmerung im Süd-osten in mittlerer Höhe.
Jupiter in den Zwillingen ist die ganze Nacht sichtbar – abends im Osten, morgens im Westen.
Saturn in der Waage steht in der zweiten Monatshälfte mor-gens am Osthimmel.

2014
Venus ist unbeobachtbar.
Mars steht in der Abenddäm-merung tief am Westhimmel.
Jupiter im Löwen geht in den späteren Abendstunden auf und steht morgens im Südwesten.
Saturn ist nur am Monatsende in der Morgendämmerung tief am Osthimmel zu sehen.

2015
Venus steht als auffälliges Objekt bereits vor Beginn der Morgendämmerung am Ost-himmel.
Mars in der Jungfrau geht in der zweiten Nachthälfte auf und steht morgens im Südosten.
Jupiter im Löwen geht in der zweiten Nachthälfte im Osten auf und steht morgens im Süden.
Saturn ist unbeobachtbar.